Constanze Zilles

Rally Obedience

Grundlagen
Schildersammlung
Trainingstipps

Müller Rüschlikon

IMPRESSUM

Einbandgestaltung: r2 | Ravenstein, Verden
Titelbild: Tanja Fittkau

Bildnachweis
Die Fotos in diesem Buch wurden von Tanja Fittkau erstellt.

ISBN 978-3-275-02202-1

Postfach 103743, 70032 Stuttgart
Ein Unternehmen der Paul Pietsch Verlage GmbH & Co. KG

1. Auflage 2020

Sie finden uns im Internet unter www.mueller-rueschlikon-verlag.de

Innengestaltung: r2 | Ravenstein, Verden
Druck und Bindung: Graspo CZ, 76302 Zlin
Printed in Czech Republic

INHALT

1. Rally Obedience – Grundgehorsam mit Spaß für »jederhund«

Was ist Rally Obedience?

Rally Obedience ist eine relativ junge Hundesportart aus den USA.

Erfunden von Charles L. »Bud« Kramer Ende des letzten Jahrtausends in den 1990ern bestand Rally Obedience ursprünglich aus verschiedenen Übungen, die im Aufwärmtraining für den Hundesport und als freie Übungen beim Erarbeiten des Grundgehorsams eingesetzt wurden.

Frei übersetzt bedeutet »Rally Obedience« »sportliche Gehorsams-Rallye« und das beinhaltet es auch: Hier werden sowohl Übungen zum Erlernen des Grundgehorsams, wie sie in jeder Hundeschule erarbeitet werden, mit dem sportlichen Aspekt des zügigen Laufens und der Wendigkeit und Genauigkeit beim Absolvieren eines Parcours verbunden. Es wird anders als im klassischen Obedience eine Übung nicht auf Ansage eines Prüfungsleiters, Stewards oder Trainers durchgeführt, sondern es werden ähnlich einer Schnitzeljagd Aufgaben, die auf Schildern angezeigt werden, nacheinander ausgeführt. Jeweils das gerade bearbeitete Schild weist den Weg zum nächsten und somit zur nächsten Aufgabe. Ein Parcours besteht aus 12 bis 24 Übungsschildern, die auf einem Parcoursfeld von 20 x 30 m angeordnet sind und nacheinander abgearbeitet werden. Als ein weiterer Unterschied zum klassischen Obedience sind Hilfen zur Ausführung einer Übung erlaubt. Außer dem reinen Stimmbefehl dürfen auch Handzeichen und Körperhilfen eingesetzt werden. Loben und Belohnen ist ausdrücklich gestattet, sowohl stimmlich als auch mittels Futtergaben.

Rally Obedience galt lange Zeit in Deutschland neben den etablierten Hundesportarten wie zum Beispiel Agility, Turnierhundsport oder Obedience als Fun-Sportart. Dieser Begriff erfasst sehr gut, worum es außerdem in diesem Sport tatsächlich geht. Um Kommunikation zwischen Hund und Mensch und um sinnvolle Teamarbeit, Stärkung der Bindung und gemeinsames Tun, das vor allem Spaß machen soll. Leider führte der Begriff der Fun-Sportart auch dazu, dass der Sport als solcher lange nicht ernst genommen wurde. Mit zunehmender Beliebtheit und wachsender Zahl der von den Verbänden veranstalteten Turnieren und der Vereine sowie Hundeschulen, die Rally Obedience anbieten, hat sich das jedoch in den letzten Jahren geändert. Heute ist Rally Obedience nach Statistiken des VDH (Verband für das deutsche Hundewesen) nach Agility und Turnierhundsport die drittgrößte Hundesportart in Deutschland. Es werden in den Verbänden Kreis-, Landesmeisterschaften und nationale Wettbewerbe ausgerichtet und die Sportart wächst weiter. Die internationale Rally Obedience-Gemeinde und die FCI (Fédération Cynologique Internationale) arbeiten derzeit an einem international einheitlich gültigen Regelwerk und auch eine zukünftige Weltmeisterschaft ist in Diskussion.

Voraussetzungen für Rally Obedience

Für wen ist Rally Obedience geeignet? Ganz einfach: für alle Hunde und ihre Menschen. Hierbei spielen Größe, Rasse und Alter des Hundes keine Rolle. Zur Teilnahme an Turnieren muss der Hund allerdings mindestens 15 Monate alt sein. Das Alter des Menschen spielt ebenfalls keine Rolle, vom Jugendlichen ab acht Jahren bis zum Rentner darf jeder dabei sein, der Spaß daran hat. Auch auf körperliche Einschränkungen bei Hund und Mensch wird Rücksicht genommen. So gibt es zum Beispiel eine Leistungsklasse für Seniorenhunde, die älter als acht Jahre sind. Hier wird auf Übungen, die für einen älteren, nicht mehr so beweglichen Hund schwierig auszuführen sind, wie enge Linkswendungen oder Sprünge, sowie auf ein sehr schnelles Tempo verzichtet. Außerdem gibt es keine zeitliche Begrenzungen zur Ausführung des Parcours. Des Weiteren können körperliche Einschränkungen von Hund oder Mensch dem Turnierveranstalter im Vorfeld mitgeteilt werden, so dass der Wertungsrichter diese Handicaps bei der Planung seines Prüfungsparcours entsprechend berücksichtigen kann.

Rally Obedience ist eine hervorragende Möglichkeit, seinen Hund vor allem geistig, aber auch körperlich auszulasten, ohne große Ausrüstung oder Aufwand. Eine kleine Wiese oder ebene Fläche zum Üben oder das eigene Wohnzimmer reichen dabei völlig aus. Die Schilder sind schnell selbst ausgedruckt, es gibt Schildersammlungen im Netz zum Herunterladen, die für jeden frei verfügbar sind. Und schon kann es losgehen.

Geschult wird Konzentration, Aufmerksamkeit und die Zusammenarbeit des Mensch-Hund-Teams, das Timing im Training und die Genauigkeit und prompte Ausführung von einfachen Aufgaben aus dem Grundgehorsam.

Grundvoraussetzungen sind hierfür lediglich, dass die Grundbegriffe des Gehorsams wie »Sitz«, »Platz«, »Fuß«, »Steh« und »Bleib« bekannt sind.

2. Der Rally Obedience-Parcours

Die Ausrüstung

Um mit Deinem Hund einen regelkonformen Rally Obedience-Turnierparcours aufzubauen, benötigst Du folgendes »Zubehör«:

- Die Übungsschilder im Format DIN A4
- 32 Schilderhalter
- Schildernummern 1–24
- 14 Pylonen mindestens 25 cm hoch
- 8 Futterschalen
- 8 Abdeckhauben für die Futterschalen
- 3 höhenverstellbare Hürden (nur für Klasse 2 und 3)
- ein 20 x 30 m großes Parcoursfeld

Die Übungsschilder gibt es im Internet zum Beispiel auf folgenden Seiten als Sammlung kostenlos zum Herunterladen:

www.rally-obedience-just-for-fun.de
www.dvg-hundesport.de
oder
auf Facebook in der Gruppe **»Rally mit Henk« von Hendricus Buren**.

Man sollte sich die Schilder farbig ausdrucken, da sie mehrfarbig gestaltet sind. Da sich alles draußen abspielt, sollten sie außerdem einlaminiert werden. So sind sie vor der Feuchtigkeit geschützt und können immer wieder verwendet werden.

Bei den Schilderhaltern kann man kreativ sein. Es gibt keine konkreten Vorschriften, wie ein Schilderhalter auszusehen hat. Sie werden angeboten aus Kunststoff oder Alu. Alternativ kann man Laptophalter verwenden, die gibt es beispielsweise in einem bekannten schwedischen Möbelhaus zu einem erschwinglichen Preis. Weitere Ideen sind stapelbare Plastikkisten oder eckige Blumenkübel aus dem Baumarkt, an denen man mit Hosengummiband die Schilder befestigen kann. Der Vorteil solcher Kisten ist, dass sie von allen Seiten mit Schildern bestückt werden können, sie sind lediglich nicht besonders platzsparend. Eine weitere, sehr einfache und günstige Alternative sind Metallstecker für Preisschilder, die man mühelos in den Boden drücken kann. Die Schilder lassen sich leicht in die Ösen klemmen – das Ganze ist allerdings bei windigem Wetter nicht geeignet.

Futterschalen müssen keine bestimmte Größennorm erfüllen, man kann durchaus auch einfache Plastik- oder Aluschüsseln aus dem eigenen Küchenschrank nehmen.

Als Abdeckhauben eignen sich Mikrowellenabdeckungen oder Tortenhauben. Sie sollten auf jeden Fall luftdurchlässig sein, damit der Geruch der Futterablenkung in der Schale darunter auch tatsächlich gut austreten kann.

Für die Hürden dürfen sowohl Hindernisse aus dem Obedience als auch THS- oder Agility-Hürden verwendet werden, es gibt hier ebenfalls keine festen Vorschriften.

Lediglich die Höhe der Hürde muss sich einstellen lassen auf 40, 30, 20 und 10 cm.

Im Training darfst Du selbstverständlich kreativ sein und alle möglichen Varianten der oben genannten Ausrüstung verwenden.

Möchtest Du aber später eventuell an Wettbewerben teilnehmen, ist es für Dich und für Deinen Hund sinnvoll, mit der Turnierausrüstung vorher zu üben und diese kennenzulernen.

Auf diesem Foto siehst Du die wichtigsten Elemente der Ausrüstung fürs Rally Obedience.

Die Übungsformen

Man unterscheidet prinzipiell zwischen zwei Übungsformen: stationären Übungen und Bewegungsübungen.

Stationäre Übungen

Stationäre Übungen sind Übungen, die mit einem Stillstand des Hund-Mensch-Teams enden. Ein Stillstand ist zum Beispiel ein Sitz, Platz oder Steh. Sie werden auch als A-Übungen bezeichnet. Bei einer Prüfung im Rahmen eines Turniers darf am Ende einer stationären Übung der Hund mit Futter oder Streicheln belohnt werden. Das Anfassen oder Füttern des Hundes während des Parcourslaufs ist unter Prüfungsbedingungen nicht erlaubt und wird mit einem »Nichtbestanden« gewertet. Eine Ausnahme ist die Seniorenklasse. Hier ist Füttern zu jeder Zeit erlaubt, sofern es den Lauf oder Ablauf der Übungen nicht unterbricht, stört oder der Hund nicht mit dem Futter gelockt wird.

Ein Beispiel für eine stationäre Übung:

Bewegungsübungen

Bewegungsübungen (B-Übungen) sind Aufgaben, die mit einer Vorwärtsbewegung enden, zum Beispiel eine Drehung, einem Abrufen in die Fußarbeit, einem Abbiegen nach links oder rechts oder einem Slalom. Das Mensch-Hund-Team bewegt sich am Ende der Übung ohne anzuhalten weiter zum nächsten Schild. Unter Prüfungsbedingungen darf bei Bewegungsübungen am Übungsende nicht belohnt werden, da sonst die Vorwärtsbewegung unterbrochen würde. Belohnt man den Hund doch, wird der Lauf ebenfalls als »nicht bestanden« gewertet.

Ein Beispiel für eine Bewegungsübung:

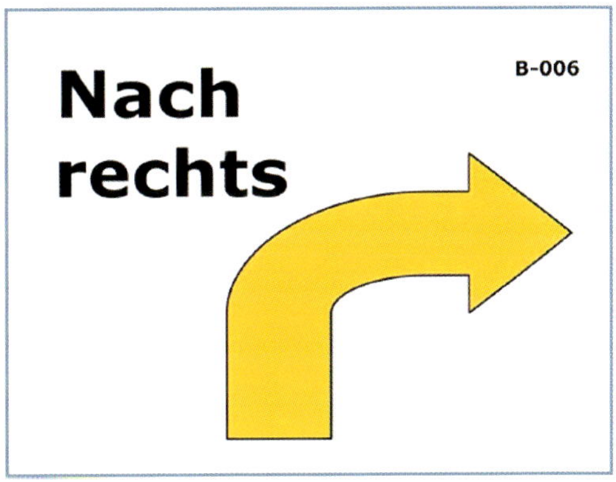

Die Laufwege

Übungen ohne Richtungswechsel

Eine Übung, bei der sich der Laufweg in seiner Richtung nicht verändert, also nach Beendigung der Übung weiter geradeaus gelaufen wird, wird grundsätzlich neben dem Übungsschild in einem gedachten Quadrat von 1,20 m ausgeführt. Eingeleitet wird die Übung vor der vorderen und links neben der seitlichen Schilderkante. Ausschlaggebend hierfür ist dabei die Position des Hundeführers bei Beginn der Übung.

Arbeitsbereich für Übungen ohne Richtungswechsel.

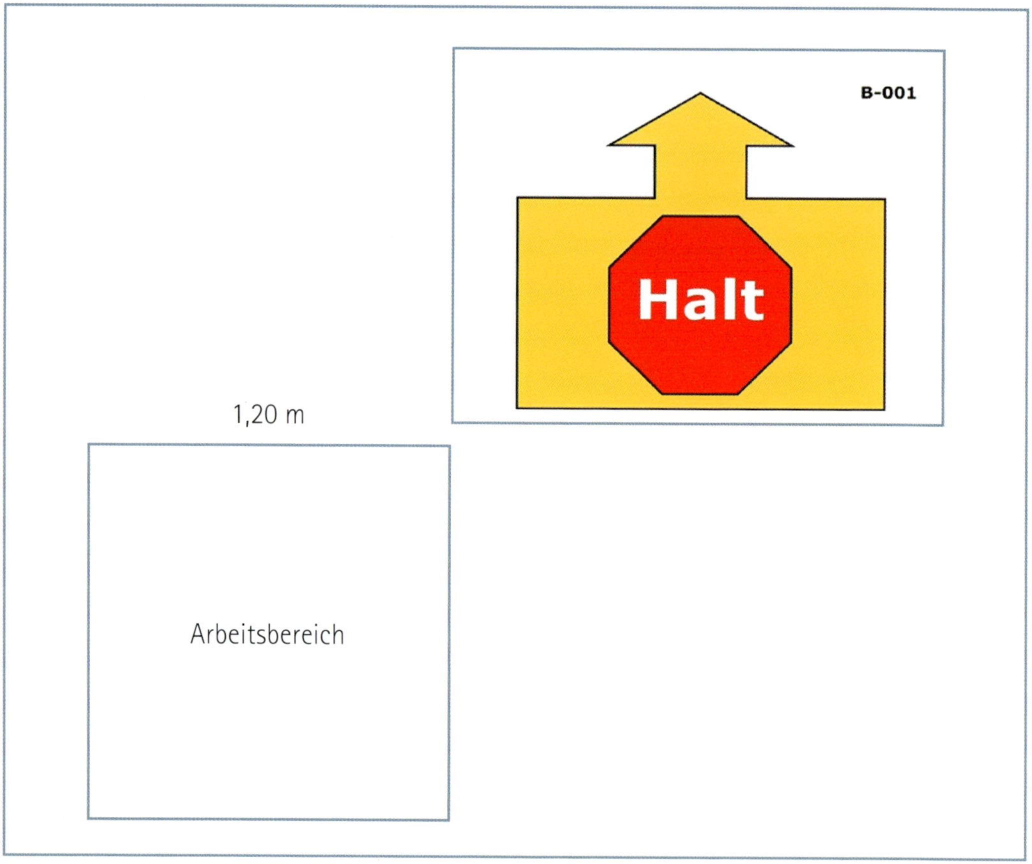

Eingang in den Slalom, die Position von Hund und Mensch ist rechts vom Schild.

Ausnahmen bilden der Eingang zu einem Slalom, eine Acht um die Futterschalen und eine Spirale, bei der der Hund innen läuft. Hier wird rechts vom Schild in die Übung eingelaufen.

Übungen mit Richtungswechsel

Übungen, bei denen sich die Richtung des Laufweges durch die Übung ändert oder parallel verschiebt, also zum Beispiel Winkel, Abbiegen, 270-Grad-Drehungen, Kehrtwenden und Schritte zur Seite, werden grundsätzlich vor dem Übungsschild ausgeführt. Auch hier gilt das Quadrat von 1,20 m vor der vorderen Schilderkante als Bewegungsradius.

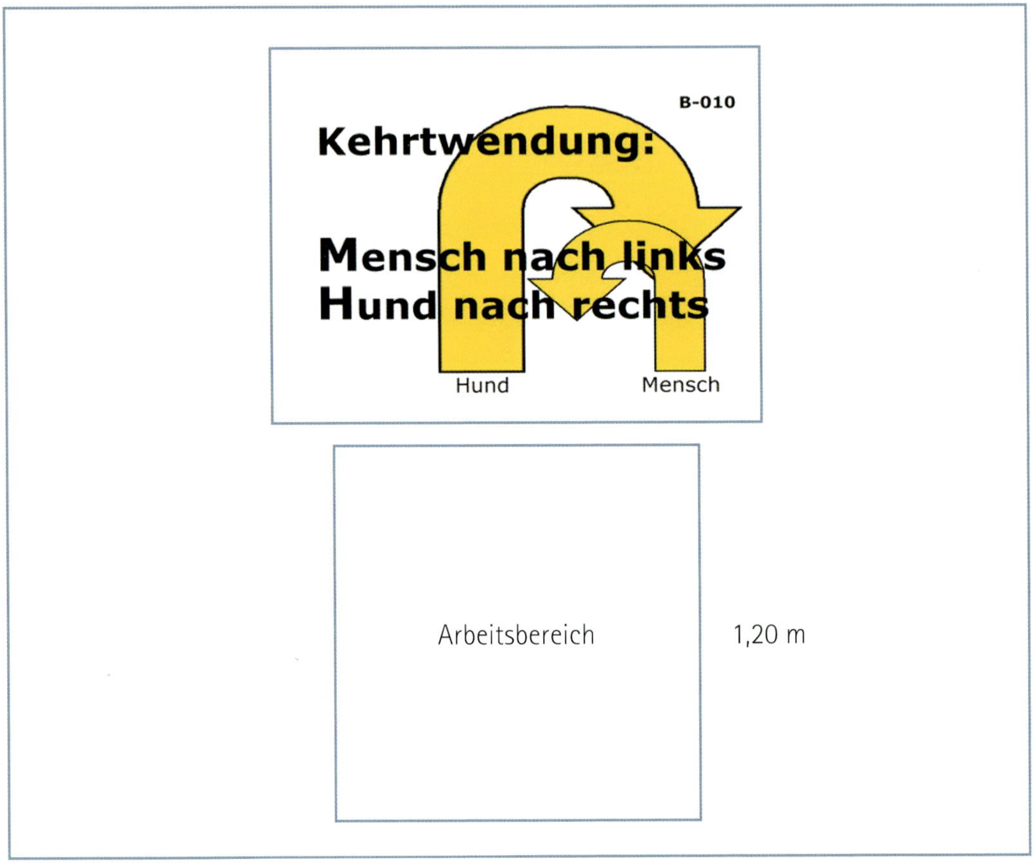

Hier sieht man den Arbeitsbereich für Übungen mit Richtungswechsel.

Mehrschildübungen

Mehrschildübungen (MSÜ) sind Übungen, die sich aus mindestens zwei oder mehr Übungen zusammensetzen, die hintereinander ausgeführt werden. Hierbei stehen also mehrere Schilder neben oder hintereinander an der Übungsstation und werden von links nach rechts oder von oben nach unten abgearbeitet.

Zwischen den Übungen ist die Anzahl der Zwischenschritte wichtig.
Es müssen zwingend mindestens ein und maximal zwei Zwischenschritte gezeigt werden, wenn die erste bereits absolvierte Übung eine Bewegungsübung ist. Ist die erste bereits gezeigte Übung eine stationäre Übung, ist kein Zwischenschritt nötig, es kann aber maximal ein Zwischenschritt erfolgen.

Mehrschildübung nebeneinander | Mehrschildübung untereinander

> *Merke:*
>
> Ein Zwischenschritt ist nie verkehrt!

Die Position vor oder neben dem Schild bei Beginn einer Mehrschildübung, und damit der Laufweg, hängt von der gesamten Übung ab. Man betrachtet also die Summe der Übungen. Ergeben sie am Ende einen Richtungswechsel, beginnt man die MSÜ vor dem Schild. Wird die Richtung des Laufweges am Ende im Gesamtbild nicht verändert, wird sie links neben dem Schild begonnen.

Ein Beispiel für eine MSÜ ohne Richtungswechsel mit stationären Übungen: Eine MSÜ besteht aus den Schildern Halt, Platz – Halt. Hier verändert sich die Richtung nicht, man beginnt also links neben dem Schild. Es muss kein Zwischenschritt nach dem Platz erfolgen, da dies eine stationäre Übung ist, man kann also den Hund aus dem Platz ins Sitz bringen. Möglich wäre auch, nach dem Platz einen Schritt nach vorne zu gehen und dann erst das Sitz zu zeigen.

0 bis 1 Schritt

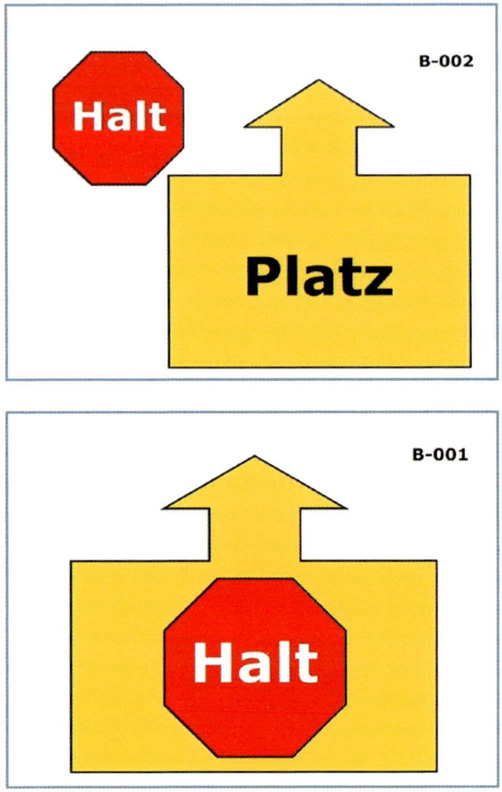

Beispiel 1 für eine MSÜ ohne Richtungswechsel.

Ein weiteres Beispiel (Beispiel 2) ist die MSÜ mit Richtungswechsel und einer Bewegungsübung bestehend aus einer 270-Grad-Drehung, links – Halt. Hier biegt man nach rechts ab, die Übung wird vor dem Schild begonnen. Nach der Drehung muss ein Vorwärtsschritt gezeigt werden, es dürfen ggf. auch zwei sein, da eine Drehung eine Bewegungsübung ist. Dann erst erfolgt das Sitz.

1 bis 2 Schritte

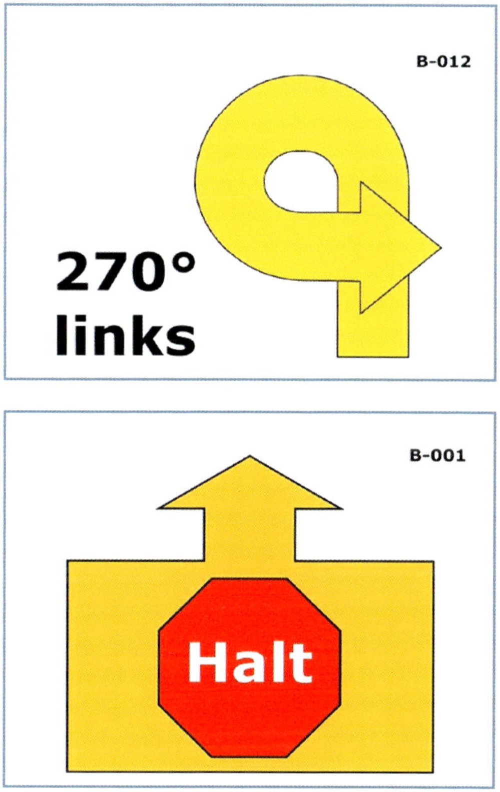

Beispiel 2

1 bis 2 Schritte

Beispiel 3

Im dritten Beispiel stellen wir uns eine MSÜ vor, die aus einer 180-Grad-Drehung links – Kehrtwende besteht. Hier erfolgt zwar in jeder Übung ein Richtungswechsel, in der Summe aber nicht. Daher beginnt man hier links neben dem Schild die MSÜ. Die 180-Grad-Drehung ist eine Bewegungsübung, also muss ein Zwischenschritt vor der Kehrtwendung erfolgen, es dürfen zwei Schritte gemacht werden.

In der Regel werden MSÜs, bei denen in der Summe ein Richtungswechsel erfolgt, so gestellt, dass der Richtungswechsel als erstes Schild gearbeitet wird.

Endet das erste Übungsschild mit derselben stationären Übung, mit der das zweite Schild beginnt, so muss diese Übung nur einmal gezeigt werden. Man darf sie also übernehmen.

Ein Beispiel: Halt – Halt um den Hund herum – Halt. Das Sitz am Ende der ersten Übung darf als erstes Sitz der zweiten Übung übernommen werden und man geht dann direkt um den Hund herum. Man kann aber auch einen Zwischenschritt einfügen und das Sitz erneut zeigen, wenn zum Beispiel das erste Sitz sehr schief war und man es korrigieren möchte, um einen doppelten Punktabzug bei einer Prüfung zu vermeiden.

Wiederholungen von missglückten Übungen

Es kann immer mal etwas schiefgehen. Möchte man die Übung gerne noch einmal wiederholen, sollte man im Training einige Dinge beachten:

Jede Wiederholung signalisiert dem Hund, dass etwas falsch war und verunsichert ihn unter Umständen. Meistens ist das nicht die Schuld des Hundes, dass eine Übung wiederholt werden muss, sondern die des Menschen. Man hat sich beispielsweise verlesen und die falsche Übung ausgeführt. Es kann auch sein, dass man versehentlich das falsche Kommando gegeben hat oder gar keines. Vielleicht hatte man eine für den Hund unklare Körpersprache eingesetzt – die Reihe an Möglichkeiten ließe sich problemlos erweitern. Sollte der Hund jedoch trotzdem das ausgeführt haben, was man ihm fälschlicherweise gesagt oder gezeigt hat, ist eine Belohnung an dieser Stelle nicht verkehrt und nimmt dem Hund die Verunsicherung, wenn die Übung wiederholt wird. Man sollte sich immer zuerst fragen, wer den Fehler gemacht hat – man selbst oder der Hund.

Oft neigt man dazu, den Hund mit einem »Nein« abzustrafen, wenn er etwas Falsches zeigt. Dasselbe »Nein« wird auch gerne im Alltag als Abbruchsignal verwendet, um Dinge zu verbieten oder zu unterbrechen, wie zum Beispiel das Anspringen oder Bellen. Ein Abbruchsignal ist negativ behaftet und daher im Training möglicherweise kontraproduktiv. Es kann schlimmstenfalls dazu führen, dass der Hund nicht mehr mitarbeiten möchte, weil er etwas für ihn Negatives vermeiden möchte oder verunsichert ist. Besser ist an dieser Stelle ein anderes Wort wie zum Beispiel »schade« zu verwenden oder das Ganze unkommentiert zu lassen, um dem Hund nicht die Freude und Motivation an der Arbeit zu nehmen.

Wenn man eine Übung wiederholt, sollte man zuerst aus der Übungsposition heraustreten, einige Schritte zurückgehen und die Übung ganz neu angehen. Ein Auf-der-Stelle-Korrigieren des Hundes führt zu Verwirrung, die Elemente verschwimmen für den Hund und der Lerneffekt ist dahin. Zusätzlich ist es für einen Wertungsrichter bei einer Prüfung nicht erkennbar, ob man eine Wiederholung macht oder nicht.
Also immer recht freundlich, Geduld und Gelassenheit mitbringen und nicht ärgern. Nobody is perfect!

Der Parcours

Ein vollständiger Parcours wird auf einem Feld von 20 x 30 m aufgebaut. Jeder Parcours beginnt mit dem Startschild und endet mit dem Zielschild. Der Lauf beginnt mit dem Überqueren einer gedachten Linie an der vorderen Kante des Startschildes von Mensch und/oder Hund. Ab hier wird die Zeit gestoppt. Für einen Parcours hat man vier Minuten Zeit. Ausnahmen bilden die Seniorenklasse und die Juniorenstarter: Hier gibt es entweder gar keine Zeitbegrenzung (Senioren) oder die Juniorenstarter bekommen mit 4 Minuten 30 Sekunden mehr Zeit.

Im Training spielt die Zeit erst einmal keine Rolle. Zum Üben sollte man sich die Zeit nehmen, die es braucht, in aller Ruhe und ohne Stress die Übungen zu absolvieren. Ein Parcours besteht aus mindestens 12 Schildern in der Seniorenklasse bis maximal 24 Schilder in Klasse 3. Mit höherer Startklasse sind also nicht allein die Übungen schwieriger und komplexer, sondern es wird auch die Zeit knapper.

Im Training empfiehlt es sich, nicht immer einen ganzen Parcours zu laufen, sondern die Übungen einzeln zu erlernen. Im Anschluss daran können Sequenzen von mehreren Schildern mit beispielsweise ähnlichem Thema geübt werden. Natürlich sollte man ab und zu auch einen ganzen Parcours trainieren, damit der Hund lernt, sich über die gesamte Strecke zu konzentrieren. Aber wie immer im Training gilt: erst die kleinen Schritte erlernen, dann die Komplexität und am Schluss die Ausdauer. Der Schwierigkeitsgrad sollte langsam gesteigert werden, sodass der Hund nicht überfordert wird.

Es ist im Training sinnvoll, die Sequenzen oder den Parcours erst ohne Hund mehrmals abzulaufen und sich zu verinnerlichen. So prägt man sich den Laufweg und die Bewegungsabläufe »trocken« ein und stellt später für den Hund keine Verunsicherung dar, weil man selbst nicht weiß, wo es hingeht oder welche Übung man machen möchte. Das würde unter Umständen die Anweisungen an den Hund zögerlich oder unsicher und undeutlich machen. Erst wenn man selbst, also ohne Hund, den Ablauf der Schilder flüssig umsetzen kann, sollte man mit dem Hund zusammen das Training beginnen.

Der Laufweg im Parcours ergibt sich durch die Übungen, die auf den Schildern verlangt werden. Ganze Parcourspläne für jede Leistungsklasse gibt es kostenlos zum Downloaden und Ausdrucken im Internet auf der Seite: www.rally-obedience-just-for-fun.de.

Übungssequenzen zu bestimmten Themen findet man ebenfalls kostenlos im Internet auf der Facebookseite »Rally mit Henk«.
Oder man lässt seiner eigenen Kreativität freien Raum und denkt sich selbst Sequenzen und einen Parcours aus. Das macht großen Spaß!

3. Der Trainings-aufbau

Im Rally Obedience-Training ist es sinnvoll, die verschiedenen Übungen zunächst einzeln zu erlernen und aufzubauen. Dafür gibt es verschiedenste Methoden und Hilfsmittel, die an dieser Stelle nicht alle erwähnt werden können. Die im Folgenden aufgeführten Trainingsformen erheben nicht den Anspruch auf Vollständigkeit, sie stellen häufig angewandte und bewehrte Methoden dar. Sie sollen als Anregung dienen und das eigene Training inspirieren.

Positive Verstärkung

Zu den modernsten und für den Hund motivierensten Trainingsmethoden zählt heutzutage die positive Verstärkung mittels Markertraining. Theoretische Grundlage bietet das Prinzip, ein erwünschtes Verhalten des Hundes zu bestärken, positiv zu belegen und somit nach und nach zu konditionieren. Die Bestärkung erfolgt durch die zeitlich exakte und eng getaktete Belohnung beim Zeigen des Verhaltens, so dass der Hund lernt, dass sich das gezeigte Verhalten für ihn lohnt. Er wird animiert, es gerne und öfter zu zeigen.

Ein Beispiel zum besseren Verständnis:
Person X hat einen neuen Job begonnen und kennt die Abläufe und Aufgaben noch nicht, gibt aber ihr Bestes, um eine Aufgabe zu lösen. Der Chef beobachtet die Bemühungen und statt ein »Nein, das machen Sie aber falsch«, lobt er die Person für ihr Engagement und gibt noch ein paar Ratschläge. Es gibt sogar einen Bonus nach Beendigung der Aufgabe, sofern sie korrekt ausgeführt wurde. Bei diesem Chef wird Person X nicht nur gerne arbeiten, sondern sich auch besonders viel Mühe geben, um auch in Zukunft die Boni zu bekommen. Sie geht gerne und motiviert zur Arbeit, weil das Klima so nett und am Ende des Monats das Konto gut gefüllt ist. Derweil wird die Arbeit im Laufe der Zeit immer besser erledigt, da auch die Lernbereitschaft bei hoher Motivation größer ist, worüber sich der Chef freut. Das Arbeitsverhältnis wird mit der Zeit also immer enger und erfolgreicher.

Als positiver Effekt dieser Art des Trainings lernt der Hund demzufolge nicht nur gerne, er ist auch motiviert. Die Bindung zum Menschen wächst, aus Mensch und Hund entsteht ein Team.

Bei der Bestärkung spielt das richtige Timing eine entscheidende Rolle. Hunde lernen situationsbezogen, sie machen sozusagen Fotos der Situation im Kopf, in der sich ihr Verhalten gelohnt hat. Um das richtige »Foto« festzuhalten, ist es wichtig, im richtigen Zeitpunkt den »Auslöser« zu drücken. Die Bestärkung sollte immer genau in dem Augenblick erfolgen, in dem das gewünschte Verhalten gezeigt wird.

Setzt man Futterbelohnung ein bedeutet das, dass das Leckerchen gegeben werden muss, während das gewünschte Verhalten gezeigt wird oder innerhalb von wenigen Sekunden, nachdem es gezeigt wurde. Langes Kramen in den Taschen wäre hier kontraproduktiv. Möglicherweise ist in der Zwischenzeit der Hund bereits mit etwas anderem beschäftigt oder zeigt ein anderes Verhalten. In solch einem Fall belohnt man etwas anderes als man geplant hatte. Der Lerneffekt ist dahin oder der Hund lernt nicht das, was man erreichen wollte. Um das zu vermeiden hilft es enorm, einen Marker oder ein Markerwort zusätzlich zur Belohnung zu etablieren.

Hat man das gewünschte Verhalten oft genug belohnt, wird es konditioniert, das bedeutet, es geht in Fleisch und Blut über und ist zuverlässig abrufbar.

Die klassische Konditionierung kennen wir vom Lernmodell des Pawlowschen Hundes, durchgeführt vom Nobelpreisträger Iwan Petrowitsch Pawlow 1905 zum Nachweis des Prinzips der klassischen Konditionierung. Er hatte beobachtet, dass Hunde bereits speicheln, wenn sie die Schritte ihres Besitzers hören, der sie füttert. Er führte ein Experiment durch, in dem ein Hund immer dann etwas zu fressen bekam, nachdem eine Glocke ertönte. Irgendwann nach zahlreichen Wiederholungen war diese Abfolge Glocke-Futter im Gehirn des Hundes so gekoppelt, dass er bei Ertönen einer Glocke anfing, Speichel zu produzieren – in der Erwartung auf Futter.

Mit genügend Wiederholungen, nach dem immer gleichen Prinzip, entsteht so ein klassisch konditioniertes Verhalten.

Markertraining

Ein Marker bestätigt das gezeigte Verhalten des Hundes und kündigt eine Belohnung an. Er ist in der Konditionierungskette sozusagen die Glocke, die dem Pawlowschen Hund das Futter ankündigt, und zwischen gewünschtem Verhalten und Belohnung liegt. Ein Marker kann ein Markerwort wie »ja« oder »gut« oder »prima« sein oder mit Hilfe eines Clickers erfolgen. Das Markerwort sollte idealerweise kurz und eindeutig sein und möglichst nur im Training benutzt werden. Beim Einsatz eines Markerwortes kann es eine Schwierigkeit geben: Je nachdem, wie der Tag war, wie viel Stress man hatte oder hat und wie die allgemeine Stimmungslage ist, variiert unsere Stimme in Lautstärke und Stimmlage minimal. Hunde nehmen das wahr. Das Markerwort ist möglicherweise demnach nicht 100 % eindeutig für den Hund. Hier liegen die Vorteile eines Clickers: Er erzeugt immer genau dasselbe Geräusch in derselben Intensität, sodass Schwankungen in der Stimmlage, Lautstärke oder Betonung wie bei einem Markerwort je nach Tagesstimmung des Menschen wegfallen. Damit ist das Signal für den Hund eindeutiger. Der Nachteil des Clickers ist jedoch, dass man ihn als Hilfsmittel in der Hand hält und so eine Hand weniger für das Training frei hat.

Es gibt eine Vielzahl an Clicker-Modellen auf dem Mark. Wichtig ist, dass er einem gut in der Hand liegt.

Bevor man einen Marker zum Training einsetzt, sollte dieser gut etabliert sein. Das gelingt meist innerhalb einiger Tage.

Eine einfache Übung zum Etablieren sei hier vorgestellt. Dafür sollte man sich etwa dreimal täglich ein paar Minuten Zeit fürs Training nehmen. Das Training sollte anfangs in einer ruhigen Atmosphäre und entspannten Situation, zum Beispiel im eigenen Wohnzimmer, stattfinden. Man spricht nun den Hund an, sodass man seine Aufmerksamkeit hat. Ist der Hund jetzt auf uns fokussiert, wird er uns anschauen. Jetzt clickt man oder sagt das Markerwort und direkt erfolgt die Belohnung, zum Beispiel eine Futterbelohnung in Form eines Leckerchens. Die Belohnung sollte vorher nicht direkt sichtbar für den Hund in der Hand gehalten werden, sondern sofort nach dem Markersignal aus zum Beispiel der Tasche oder dem Futterbeutel geholt und direkt dem Hund gegeben werden. Dieser Vorgang wird nun 10–20-mal - und wie oben bereits gesagt - dreimal täglich wiederholt. Der Hund lernt hierbei, dass der Marker die Belohnung ankündigt und belegt ihn positiv. Er wird also etwas gerne tun, damit er das Markersignal und somit die Belohnung bekommt. Nach einer Weile wird man beobachten, dass der Hund sofort nach der Belohnung die Aufmerksamkeit wieder auf seinen Menschen richtet und ihn anblickt, ohne dass er vorher angesprochen wird. Bei jedem Blick zu uns hin sollte man sofort den Marker einsetzen und belohnen. Sinnvoll ist es beim Belohnen, dem Hund das Leckerchen nicht direkt in der Position, in der er sich befindet, zum Beispiel ein Sitz, ins Maul zu geben, sondern es ihm auf den Boden zu werfen oder ihn aufstehen und einen Schritt herkommen zu lassen. So kann er die Belohnung aus der Hand fressen und die Situation wird aufgelöst. Im späteren Training bedeutet so der Marker eine Bestätigung des erwünschten Verhaltens, eine Ankündigung einer Belohnung und löst das Verhalten auf. Die Aufmerksamkeit des Hundes bleibt aber beim Menschen.

Ist der Marker einmal etabliert und hat der Hund verstanden, was er bedeutet, kann er für das Training eingesetzt werden. Ein Verhalten ist prinzipiell dann sehr gut konditioniert, wenn nahezu 100 % der Übungswiederholungen das gewünschte Ergebnis bringen. Ist das noch nicht der Fall, dann heißt es weiter üben, bevor man eine neue Übung beginnt.

Als Beispiel für den Einsatz der positiven Verstärkung des Markers im Training sei an dieser Stelle das Erlernen des »Sitz« erläutert:

Stell Dich neben Deinen Hund und halte ein Leckerchen in Deiner Hand, die dem Hund am nächsten ist. Jetzt führst Du die Hand mit dem Leckerchen vor der Nase Deines Hundes langsam nach oben und leicht nach hinten über seinen Kopf. Er wird mit der Nase dem Leckerchen folgen, den Kopf erst heben und schließlich mit den Hinterläufen einknicken, um sich zu setzen. Sobald der Hund das Hinterteil absenkt, wird gemarkert und belohnt. Dieser Vorgang sollte nun mehrfach wiederholt werden, bis er zuverlässig klappt. Dafür sind meistens mindestens 100 Wiederholungen notwendig. In einer Sitzung sollte man allerdings nicht mehr als ca. 10–20 Wiederholungen machen. Im Anschluss folgt eine Pause. Die Pause sollte klar für den Hund erkennbar sein und immer dann erfolgen, wenn die letzte Wiederholung besonders gut war. Frei nach dem Motto: Aufhören, wenn es am schönsten ist.

Merke:
Den Hund immer am Ende der Trainingseinheit loben und mit einem für ihn positiven Gefühl das Training beenden lassen. Eine kleine Spieleinheit eignet sich hierfür gut.

Im nächsten Trainingsschritt verzögert man das Markern etwas und markert erst, wenn der Hund vollständig sitzt. Auch das sollte mehrfach wiederholt werden, bis es zuverlässig klappt. Dann folgt der dritte Trainingsschritt. Das Leckerchen wird jetzt nicht mehr jedes Mal in der Hand gehalten und der Hund damit ins Sitz geführt, sondern die Hand ist ab und zu leer, das Handzeichen bleibt jedoch dasselbe. So verhindert man, dass der Hund nur dem Leckerchen folgt. Er beginnt vielmehr, das Handzeichen als Sitzbefehl zu verstehen und zu verknüpfen. Anfangs nur jedes fünfte oder sechste Mal das Leckerchen weglassen und die Abstände unregelmäßig gestalten. Mit der Zeit dann in immer kürzeren Intervallen nur das Handzeichen benutzen, bis schließlich gar kein Leckerchen mehr in der Hand notwendig ist. Die Belohnung bekommt der Hund natürlich trotzdem immer nach jedem Markersignal, man nimmt dann allerdings das Leckerchen erst aus der Tasche oder dem Futterbeutel, nachdem das Markersignal gegeben wurde.

Bei jedem Trainingsschritt sollte man geduldig sein und sich und dem Hund Zeit lassen, bis er den Schritt vollkommen verstanden hat und zuverlässig ausführen kann, damit keine Überforderung des Hundes und somit Frust entsteht.

Schließlich etabliert man den Sprachbefehl »Sitz«. Minimal vor Geben des Handzeichens wird der Sprachbefehl vorgeschaltet, also man sagt »Sitz« und gibt dann sofort das dazugehörige Handzeichen. Auch dieser Schritt sollte ausreichend oft wiederholt werden.

Möchte man in Zukunft keine Handzeichen, sondern ausschließlich Sprachbefehle benutzen, ist ein weiterer Schritt notwendig, in dem das Handzeichen abgebaut wird. Hierfür kann man zwei Wege gehen. Entweder man reduziert die Bewegung des Handzeichens in kleinen Schritten immer mehr, wie beim Abbauen des Leckerchens, bis man es komplett weglässt und nur das Hörzeichen erfolgt.

Oder man setzt nur das gut etablierte Hörzeichen ein und lässt sofort das Handzeichen weg und wartet einfach mal geduldig ab. Der Hund wird nun anfangen zu überlegen, was gemeint sein könnte und was er tun könnte, um uns dazu zu bewegen, zu markern und ihn zu belohnen. Er wird wahrscheinlich zunächst etwas unruhig werden, vielleicht zappeln, fiepen oder mit der Pfote stupsen und dann irgendwann ein Verhalten ausprobieren, das ihm schon einmal eine Belohnung eingebracht hat. Da Du ja das Hörzeichen bereits in Verbindung mit einem Handzeichen geübt hast, wird er sich sehr wahrscheinlich zunächst hierfür entscheiden. Sobald der Hund jetzt Anstalten macht, sich hinzusetzen, mit den Hinterläufen also einknickt, und der Po in Richtung Boden geht, markert man und belohnt sofort. Das richtige Timing ist der Schlüssel zum Erfolg. Jetzt heißt es wieder warten und das Ganze wiederholen. Nach mehreren Wiederholungen wird der Hund gemerkt haben, dass das Hörzeichen »Sitz« in Verbindung mit dem Hinsetzen zum Erfolg führt und es immer zügiger wieder zeigen. Für welche Vorgehensweise man sich entscheidet, hängt davon ab, was dem eigenen Hund eher entgegenkommt. Also am besten ausprobieren!

Übung und Wiederholung machen den Meister. Sollte man merken, dass ein Schritt überhaupt nicht klappen möchte, ist man zu schnell vorgegangen und sollte nochmal einen Schritt zurückgehen. Klappt ein Signal in ablenkungsarmer Umgebung, sollte man die Ablenkung ebenfalls schrittweise steigern, zum Beispiel das Training vom ruhigen Wohnzimmer in den Garten verlegen. Klappt das zuverlässig, kann man im nächsten Schritt zum Üben eine ruhige Umgebung beim Spazierengehen wählen und schließlich zum Beispiel ein lauteres Umfeld an der Straße. Dann kann man beginnen, andere Ablenkungen dazuzupacken, wie andere Hunde oder Menschen in der näheren Umgebung. Immer nur eine weitere Ablenkung dazunehmen, nicht zu viel auf einmal verlangen, das könnte den Hund ansonsten überfordern.

In gleicher oder ähnlicher Weise lassen sich auch das »Platz« und das »Steh« aufbauen.

Das Lernen in kleinen Schritten und Zusammensetzen der Schritte zu einem Gesamtbild nennt sich Shapen. Mit dem Grundprinzip der Konditionierung und des Shapens lassen sich eigentlich alle Elemente des Rally Obedience trainieren.

Targettraining

Das Targettraining bezeichnet ein Erlernen eines bestimmten Verhaltens unter Zuhilfenahme eines Targets (engl.: Ziel) und eignet sich für Übungen, bei denen der Fokus auf dem Ort der Ausführung und/oder der Bewegung in der Übung liegt. Das Target wird mit einem Körperteil vom Hund, zum Beispiel Nase oder Pfoten, berührt und »führt« den Hund so durch die zu erlernende Bewegung oder Übung. Als Target kann sowohl die Hand des Hundeführers dienen als auch ein Targetstick oder ein am Boden liegendes Target wie eine Futterschüssel oder eine Markierung. Konditioniert wird die Berührung des Targets durch den Hund mit Hilfe des Markertrainings.

Ein im Rally Obedience-Training oft verwendetes Target ist das Handtarget.

Hierbei dockt der Hund mit der Nase an die Handfläche des Hundeführers an und klebt sozusagen daran. Dadurch lässt er sich mit der Hand in Bewegungen wie Drehungen und Wendungen führen oder in der

Fußarbeit in Position halten. Das Handtarget ist ein gutes Hilfsmittel, um Bewegungsabläufe zu trainieren.

Das Andocken an die Handfläche als Handtarget muss vorher gut konditioniert werden. Hierbei kann man folgendermaßen vorgehen: Man streckt zunächst die Handfläche der linken Hand in Hundenasenhöhe ein bisschen aus und spricht den Hund an. Dieser wird nun aufmerksam und neugierig irgendwann auf die Idee kommen, mit der Nase die Handfläche zu berühren oder auch nur die Nase in Richtung Handfläche zu bewegen. Das wird dann sofort gemarkert und zeitnah belohnt. Auch hier sind die häufigen Wiederholungen der Übung sehr wichtig. Im Laufe des Trainings wird er verstehen, dass er die Hand mit der Nase berühren soll. Ist das zuverlässig der Fall, erfolgt der nächste Schritt. Um das »Klebenbleiben« zu erreichen verzögert man jetzt minimal das Markern nach der Berührung. Der Hund wird zunächst wahrscheinlich versuchen, mehrfach an die Hand zu stupsen, so als wolle er seinem Handeln Nachdruck verleihen, weil der Mensch es wohl nicht verstanden oder mitbekommen hat. Das wird jetzt auch gemarkert. Irgendwann wird der Hund auf die Idee kommen, die Nase dann nicht mehr von der Handfläche wegzunehmen, bis das Markersignal kommt. Auch hier gilt: wiederholen bis die Übung wirklich sitzt. Jetzt kann man noch ein Kommando hinzufügen, das dem Ganzen ganz kurz vorgeschaltet ist, zum Beispiel »Touch« oder »Hand«.

Schließlich fängt man an, die Hand langsam vom Hund wegzubewegen, während die Nase daran klebt. Idealerweise folgt der Hund, um weiterhin die Nase an der Handfläche halten zu können. Anfangs sollte man sofort jeden Ansatz des Hundes, der Hand zu folgen, markieren und belohnen. Auch wenn es nur eine minimale Streckung des Hundehalses in Richtung oder mit der sich wegbewegenden Hand ist. In weiteren Trainingsschritten kann das Markersignal dann minimal immer mehr verzögert werden, um so die Länge und Distanz, mit der der Hund mit der Nase an der Hand klebt und dieser folgt, zu verlängern, bis er schließlich ganz mitgeht und auch über eine Strecke folgt.

Ein Beispiel für ein Bodentarget ist der Elefantentrick, der zum Erlernen der Linksdrehung gerne eingesetzt wird. Hierbei wird zunächst mittels Markertraining konditioniert, dass der Hund mit den Vorderpfoten auf einer umgedrehten Futterschüssel oder einem kleinen Podest steht. Die Fußposition mit der Schulter des Hundes am linken Knie des Hundeführers sollte zu diesem Zeitpunkt schon erlernt sein.

Hat der Hund nun gelernt, mit den Vorderpfoten zuverlässig auf der Futterschüssel stehen zu bleiben, stellt man sich selbst in

Fußposition rechts daneben und verändert nun Schritt für Schritt seine Position gegen den Uhrzeigersinn um die Schüssel herum. Der Hund soll hierbei die Fußposition nicht verlassen. Mit dem Kommando »Fuß« wird er jetzt also anfangen, seine Position mit den Hinterläufen zu verändern und nachzurücken, die Vorderpfoten bleiben auf der Schüssel, ähnlich wie bei Elefanten im Zirkus, daher der Name Elefantentrick. Im Laufe des Trainings wird hieraus eine fließende Bewegung. Im Internet findet man unter dem Begriff Elefantentrick zahlreiche Beispielvideos.

Bodentargets in Form von Stangen können im Training auch als optische und physikalische Begrenzung eingesetzt werden, zum Beispiel beim Erlernen des Gerade-Rückwärts-Gehens oder im Distanztraining.

Belohnungsformen

Es gibt Hunde, die sind ganz wild auf Spielzeug, nichts geht ihnen über ihren Ball oder Zergel. Andere interessiert das überhaupt nicht, sie sind eher versessen auf Futter. Wieder anderen Hunden genügt bereits ein Lob oder ein Tätscheln. Jeder Hund hat seine Vorlieben und die gilt es zu kennen. Je nach Interesse gibt es verschiedene Wertigkeiten der Belohnung.

Am besten probiert man aus, auf was der Hund wie reagiert und schreibt sich eine Liste der fünf bis zehn tollsten Belohnungen, sortiert nach ihrer Wertigkeit.

Ob man im Training eine Futterbelohnung einsetzt oder Spielzeug oder nur Lob spielt keine Rolle, solange es für den Hund eine Belohnung darstellt.

Generell sind bei Futterbelohnungen kleine, weiche Happen, die sich schnell schlucken lassen, sinnvoll. Der Hund sollte nicht lange darauf herumkauen müssen.

Eine Beispielliste für einen Futter liebenden Hund. Die Belohnungen sind in der Wertigkeit von oben nach unten sortiert:

1. Gekochtes Hühnchen
2. Geschnittene Wiener Würstchen
3. Käsewürfel
4. Hundekekse
5. Sein alltägliches Trockenfutter

Durch diese Liste kann man nun im Training mit der Wertigkeit der Belohnung arbeiten, das heißt: Der Hund bekommt für eine besonders perfekt ausgeführte und besonders schwierige oder neue Übung statt eines Würstchens einen Bissen Hühnchen. Für eine sehr leichte Übung, die eventuell vom Hund nur halbherzig ausgeführt wurde, bekommt er ein Stück Trockenfutter als Belohnung.

Belohnt wird immer, sobald das gewünschte Verhalten gezeigt wird, aber eben nur für

Bei diesem Hund wird das Spiel mit dem Zergel zur Belohnung eingesetzt.

das erwünschte Verhalten. Unerwünschtes Verhalten sollte nicht belohnt werden. Zeigt der Hund zum Beispiel ein »Sitz« statt einem »Platz« gibt's nichts.

Merke:
Das Training sollte immer mit einer Belohnung beendet werden.

Trainingszeiten

Die beste Trainingszeit ist immer die Zeit, in der Hund und Mensch entspannt, motiviert und gut gelaunt sind.

Training soll Spaß machen, eine Zeit sein, an der beide Freude haben und bei der Sache sind. Ist das nicht der Fall, kann sich eine angespannte oder gestresste Stimmung vom Menschen auf den Hund übertragen und so das Training erfolglos und zu einer »Frustangelegenheit« machen. Der Mensch ist dadurch eventuell ungeduldig, gereizt und unaufmerksam. Genauso verhält es sich beim Hund, wenn er bereits vor dem Training gestresst oder erschöpft ist, zum Beispiel weil es kalt ist oder regnet, weil es sehr heiß ist, weil man gerade eine sehr lange Runde im Wald gedreht und der Hund mit anderen Hunden getobt hat und müde ist. Frust kann sich auch breit machen, wenn der Hund krank ist oder weil die Umgebung für ihn schon Stress bedeutet. Weil es zum Beispiel sehr laut ist oder viele andere Hunde um ihn herum sind. Ein Training in einer solchen Situation kann den Hund überfordern und für ihn eine unangenehme Erfahrung darstellen. Ganz wichtig: Training sollte niemals unangenehm sein – weder für den Menschen noch für den Hund. Prägt sich der Hund diese Erfahrung ein, ist es möglich, dass er kein Interesse mehr an der Zusammenarbeit zeigt oder sie sogar zu vermeiden versucht.

Lernen in einer unangenehmen Atmosphäre ist extrem schwierig und wird von wenig Erfolg gekrönt sein. Gesundheitliche Aspekte sind zum Schutz des Hundes ebenfalls zu beachten, ein Training in der Mittagshitze im Hochsommer oder auf vereistem Boden im Winter ist daher zu vermeiden. Ein Training mit einem Hund, der am selben Tag geimpft wurde oder krank ist, ist tabu.

Merke:

Natürlich kann man nicht alle Eventualitäten ausschließen, aber manchmal ist es besser, auf das Training zu verzichten, als es in der falschen Situation trotzdem durchzuführen.

Das Training sollte zunächst an einem ruhigen Ort stattfinden, an dem sich der Hund wohlfühlt. Außenreize sollten gerade am Anfang weitestgehend vermieden werden, weil sie die Aufmerksamkeit des Tieres einschränken. Klappt eine Übung in ruhiger Umgebung gut, kann man den Schwierigkeitsgrad steigern und sie an einen Ort mit vielfältigeren Außenreizen verlagern.

Routinierte Turnierhunde beispielsweise sind an andere Hunde, Lärm und Trubel gewöhnt, es macht ihnen nichts mehr aus. Ein eher unerfahrener, junger oder ängstlicher Hund würde in dieser Situation eventuell gar nicht oder nur sehr eingeschränkt ansprechbar sein. Trubel würde er möglicherweise als negative Erfahrung abspeichern.

Wer seinen Hund gut kennt, wird ein Gefühl dafür entwickeln, was möglich ist oder was für ihn eine Überforderung darstellt.

Training ist Kopfarbeit und diese ist für den Hund mindestens genauso anstrengend wie körperliche Aktivität. 15 Minuten Training können also den Hund genauso fordern wie ein langer Spaziergang. Das eine kann das andere nicht ersetzen, aber man sollte sich dessen bewusst sein und eine Überforderung vermeiden.

Trainingseinheiten sollten also kurz gehalten werden, mit Pausen dazwischen zur Erholung. Man sollte immer aufhören, wenn es am schönsten ist. Nur wenige Minuten pro Trainingseinheit dieselbe Übung wiederholen, aufhören, wenn sie perfekt geklappt hat, damit der Hund motiviert und mit einem Erfolgserlebnis das Training beendet. Niemals mit einem Misserfolg die Übungsstunde abschließen. Immer freudig das Training beginnen und abschließen, vielleicht mit einer kleinen Spieleinheit.

Merke:

Das Training sollte regelmäßig und konsequent erfolgen, damit es erfolgreich wird, aber es muss auch trainingsfreie Tage in der Woche geben.

Vor jedem Training ist vor allem bei kaltem Wetter das Aufwärmen noch ein wichtiger Bestandteil der Übungseinheit. Hierfür eignet sich lockeres Gehen und Laufen. Das Tempo sollte langsam gesteigert werden. Immer zuerst große Kreise in beide Richtungen laufen, damit beide Körperseiten des Hundes gleichmäßig bewegt und gedehnt werden. Der Hund muss dabei keine Fußposition einhalten.

Bei sehr warmem Wetter sollte das Aufwärmen nicht in zu schnellem Tempo und nicht zu lange erfolgen. Achtung: Bällchenwerfen oder Zerrspiele sind kein Aufwärmtraining! Die dabei sehr ruckartig ausgeführten Beschleunigungs- und Abbremsvorgänge können einem nicht aufgewärmten Hund sogar schaden.

in der Bewegung
B-017
B-009
1-102
Start
1-112
Tempo schnell
270° links
rechts
Mensch

4. Übungen

Beginner

Schilder B-001 bis B-003
Die Übungen 001-003 werden links vom Schild im Arbeitsbereich ausgeführt, da es sich um Übungen ohne Richtungswechsel handelt. Kommt das Team im Arbeitsbereich an, bleibt es stehen und der Hund nimmt die Grundstellung ein.

In der Grundstellung steht der Hundeführer mit parallelen Beinen, seine Füße dürfen maximal schulterbreit auseinanderstehen. Der Hund befindet sich im Sitz links von ihm, mit seiner Schulter auf Höhe des linken Knies. Abweichungen von maximal 30° oder 30 cm sind erlaubt.
Die Ausführung siehst Du auf der nächsten Seite.

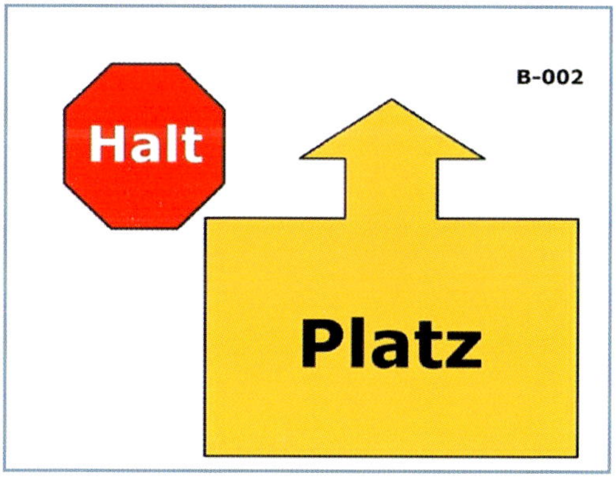

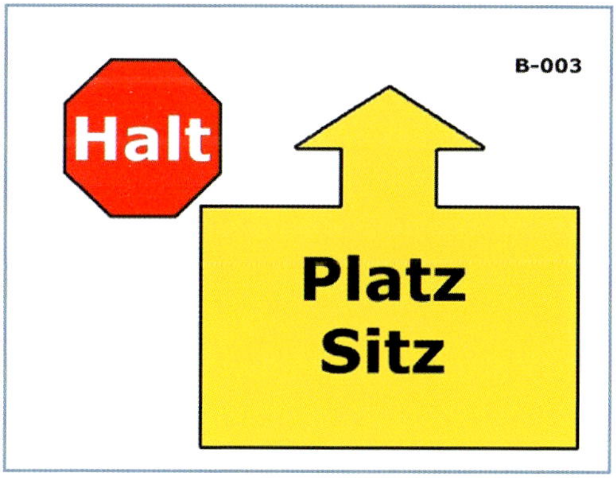

Grundstellung

Halt

Halt-Platz

In der Übung 001 hält der Hundeführer im Arbeitsbereich an, der Hund setzt sich in Grundstellung neben ihn. Damit ist die Übung beendet.

In den Übungen 002 und 003 folgt auf das Sitz der Grundstellung direkt das Platz (Übung 002) bzw. erst das Platz und dann nochmals das Sitz (Übung 003). Der Hund führt dabei die Übung am selben Ort aus, ohne sich von dieser Stelle durch Vorwärtsgehen zu entfernen.

Schilder B-004 und B-005

Die Übungen 004 und 005 sind zunächst genauso auszuführen wie die Übungen 001 bzw. 002. Erreicht der Hund seine Endposition im Sitz bzw. Platz, erfolgt hier zusätzlich eine Umrundung des Hundes durch den Hundeführer. Der Hundeführer geht dabei nach links gegen den Uhrzeigersinn um den Hund herum und nimmt dann wieder seine Position neben dem Hund ein. Die Übungen 004 und 005 sind stationäre Übungen und enden mit dem Stillstand des Teams. Der Hund muss während der Umrundung ruhig seine Position halten.

Platz-um Hund herum

Schilder B-006- bis B-009

Die Übungen 006-009 zeigen einen Richtungswechsel um 90 Grad nach rechts bzw. links (006 und 007) oder 180 Grad nach rechts bzw. links (008 und 009). Diese Übungen werden also vor dem Schild ausgeführt. Hund und Hundeführer sollten die Wendungen möglichst eng ausführen, ein kleiner Bogen ist aber erlaubt. Während der Ausführung bleibt der Hund in der Fußposition. Fußposition bedeutet, dass der Hund links neben dem Hundeführer läuft. Seine Schulter befindet sich auf Höhe des linken Knies. Abweichungen von 30° oder 30 cm sind auch hier erlaubt.

Die Übungen 006 bis 009 sind Bewegungsübungen.
Nach Ausführung der Übung geht das Team ohne anzuhalten weiter.

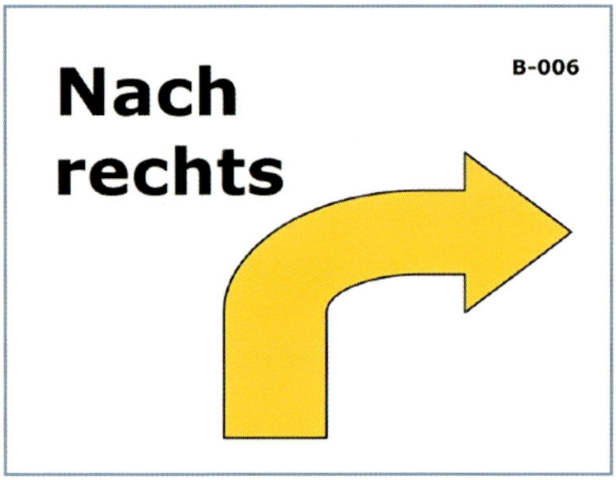

Der Hund ist in der Fußposition und erwartet aufmerksam die nächste Übung.

Schild B-010

Auch bei der Kehrtwendung handelt es sich um einen Richtungswechsel, die Übung wird vor dem Schild ausgeführt. Dabei dreht sich der Mensch nach links gegen den Uhrzeigersinn innen zum Hund ein, der Hund läuft außen mit dem Uhrzeigersinn nach rechts um den Hundeführer herum. Die Übung 010 ist eine Bewegungsübung. Nach Ausführung der Übung geht das Team ohne anzuhalten weiter.

Schild B-011 bis B-013

Die Übungen 011-013 sind ebenfalls Richtungswechsel und werden wie gehabt vor dem Schild ausgeführt. Wie in den Übungen 006-009 sollte die Ausführung möglichst eng erfolgen, der Hundeführer dreht auf der Stelle, so dass sich seine Füße auf einem gedachten DIN A4-Blatt bewegen. Der Hund verlässt während der Übung nicht die Fußposition.

In Übung 011 und 012 erfolgt die Drehung um 270 Grad nach rechts bzw. links, in Übung 013 um 360 Grad nach rechts.

Nach Ausführung der Übung geht das Team ohne anzuhalten weiter.

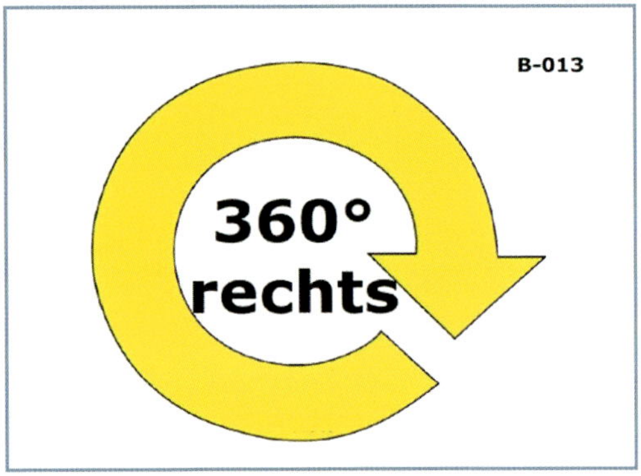

360° recht, hier sieht man schön, wie die Hundeführerin eng auf der Stelle dreht.

Schild B-014 und B-025 und Z-0a-0d
Beim Vorsitz 014 erfolgt kein Richtungswechsel, daher wird diese Übung links neben dem Schild eingeleitet. Im Arbeitsbereich positioniert der Hundeführer den Hund in einem Rechtsschwenk vor sich und richtet ihn durch Rückwärtsgehen gerade aus. Es sind maximal vier Schritte rückwärts durch den Hundeführer erlaubt, um den Hund vor sich gerade auszurichten. Bleibt der Hundeführer stehen, setzt sich der Hund gerade vor ihm hin.

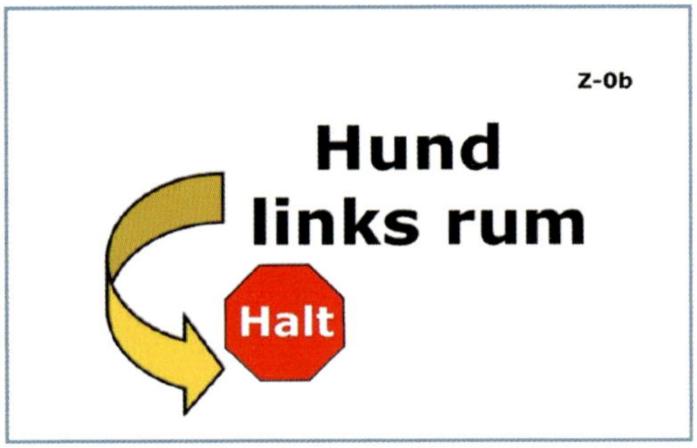

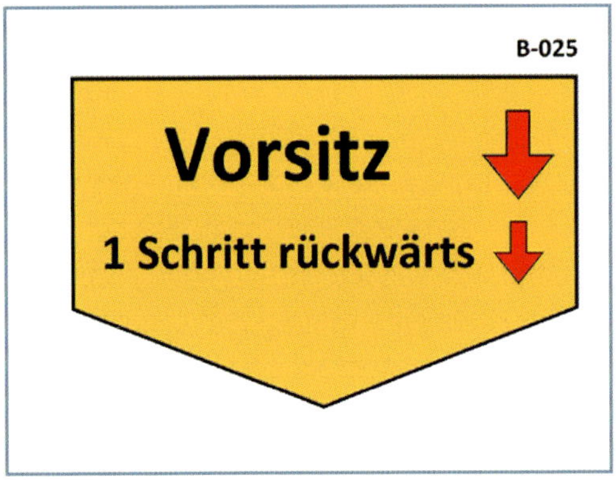

Vorsitz

Hund rechts rum

Bis hierhin gilt auch für die Übung 025 die gleiche Ausführung. Zusätzlich wird jetzt aber noch ein Schritt nach hinten gemacht, dem der Hund prompt folgen soll. Sobald der Hundeführer stehen bleibt, geht der Hund wieder ins Sitz.

Vorsitz-ein Schritt-Vorsitz

Dem Vorsitz schließt sich immer ein Zusatzschild an, durch das der Hund wieder in die Fußposition kommt.

Der Hund kann entweder rechts um den Hundeführer herumgehen (Z-0a und 0c) oder links am Hundeführer vorbei (Z-0b und 0d) und mit einer 180 Grad-Linkswendung neben dem Hundeführer wieder in die Fußposition kommen. Dabei dürfen sich die Füße des Hundeführers nicht bewegen. In der Fußposition zeigte der Hund dann entweder ein Sitz (Z-0a und 0b) oder das Team geht sofort weiter (Z-0c und 0d).

Schild B-015 bis B-017

Tempowechsel werden immer im Arbeitsbereich eingeleitet, dieser ist links vom Schild. Die Verlangsamung des Tempos bei 015 oder Erhöhung bei 016 muss deutlich erkennbar sein – vor allem beim Hund. Dieser verlässt zu keinem Zeitpunkt die Fußposition. Das neue Tempo ist so lange einzuhalten, bis ein erneuter Tempowechsel oder eine stationäre Übung erfolgt, erst dann gilt wieder das normale Tempo. Hat man also zum Beispiel bei Übung 016 den Laufschritt begonnen und die nächste Übung ist die 006 (nach rechts), biegt man im Laufschritt nach rechts ab. Wäre die nächste Übung aber beispielsweise die 001 (Halt) geht man nach dem Sitz in normalem Tempo weiter.

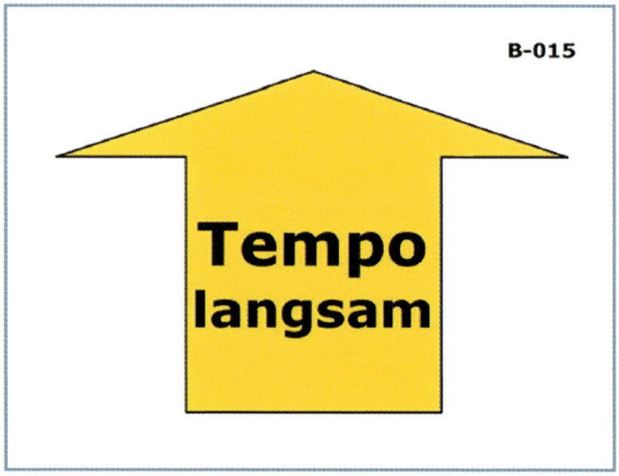

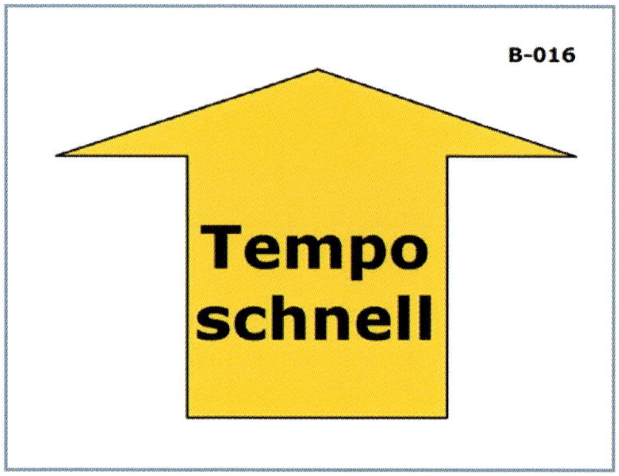

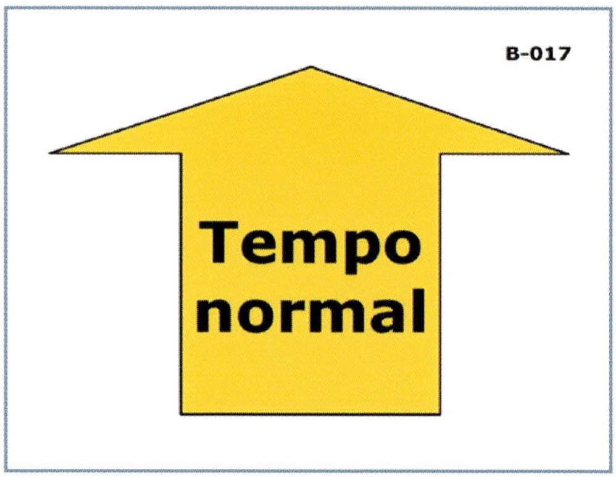

Schild B-018 und B-019

Die Spirale besteht aus drei Pylonen, die in einem Abstand von 1,50 m Entfernung hintereinander in einer Linie stehen. Das Team geht jetzt entweder im Uhrzeigersinn, so dass der Hund außen läuft (018), oder gegen den Uhrzeigersinn, so dass der Hund innen läuft (019), erst um alle drei Pylonen, dann um die vorderen zwei und schließlich nur um die vordere Pylone herum. Die Richtung des Ausgangs aus der Spirale hängt vom Laufweg zum nächsten Schild ab.

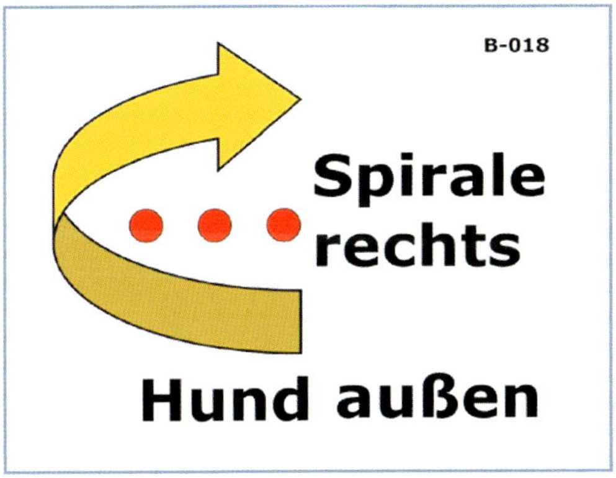

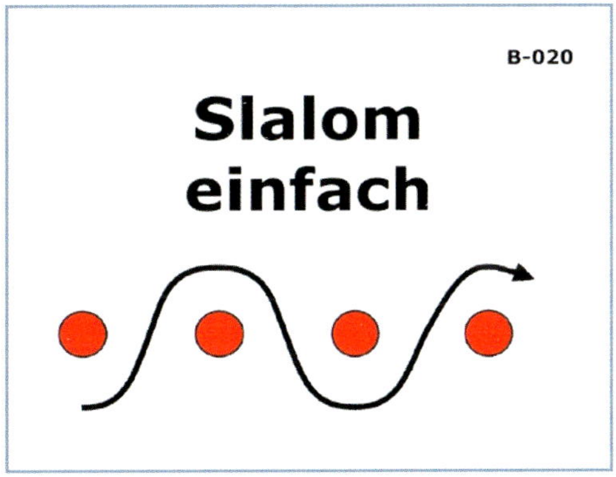

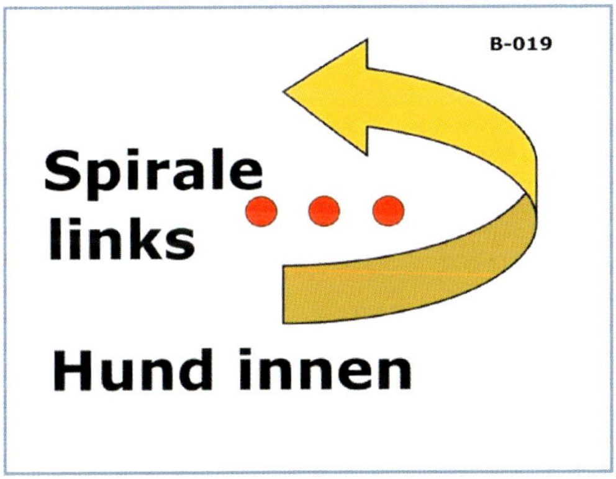

Schild B-020 und B-021

Der Slalom besteht aus vier Pylonen, die im Abstand von 1,50 m hintereinander in einer Linie stehen. Der Slalom wird vom Team immer rechts von der ersten Pylone begonnen und endet entweder mit der letzten Pylone (020) oder die letzte Pylone wird umrundet und die restlichen drei Pylonen wieder im Slalom zur ersten Pylone zurückgegangen (021). Auch hier hängt der Ausgang aus dem Slalom an der letzten Pylone vom Laufweg auf das nächste Schild ab.

Slalom hind und zurück

Schild B-022

Bei der Übung Figur 8 werden vier leere Futterschalen mit je einer Abdeckung darüber in der Form einer Raute aufgestellt. Der Abstand auf der kurzen Achse beträgt 1,50 m, auf der langen Achse 3 m.

Der Eingang in die Übung befindet sich stets rechts vom dazugehörenden Schild.

Das Team läuft entlang der langen Achse in einer Acht um die beiden Futterschalen und überquert dabei insgesamt dreimal die Mittellinie, eine gedachte Linie zwischen den Futterschalen der kurzen Achse.

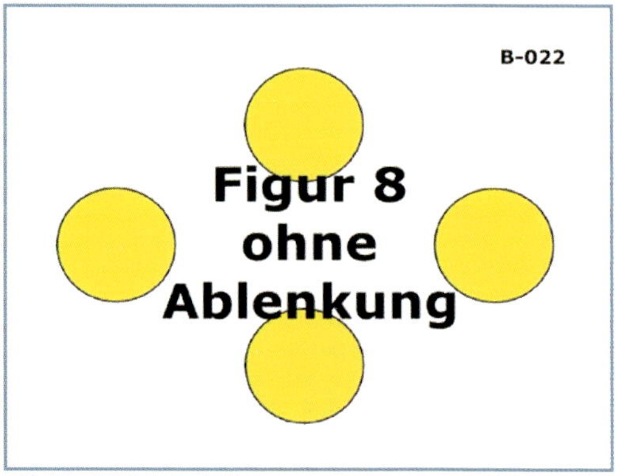

Der Ausgang aus der Figur Acht hängt ab vom Laufweg in Richtung auf das nächste Schild zu.

Das Team bei der Ausführung der Figur 8.

Schild B-023

Diese Übung beinhaltet keinen Richtungswechsel und wird links neben dem Schild ausgeführt. Das Team kommt im Arbeitsbereich zum Stillstand, der Hund setzt sich in Grundstellung neben den Hundeführer. Jetzt umrundet der Hund den Hundeführer im Uhrzeigersinn und setzt sich wieder in Grundstellung neben ihm ab. Dabei darf der Hundeführer seine Füße nicht bewegen.

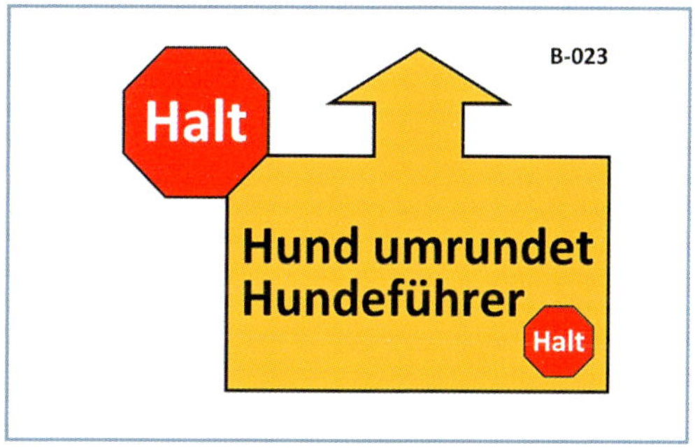

Schild B-024

Auch hier kommt das Team im Arbeitsbereich links vom Schild zum Stehen, der Hund setzt sich in Grundstellung neben den Hundeführer. Dann machen beide zusammen einen Schritt nach vorne und bleiben wieder stehen, der Hund setzt sich erneut in Grundstellung neben den Hundeführer.

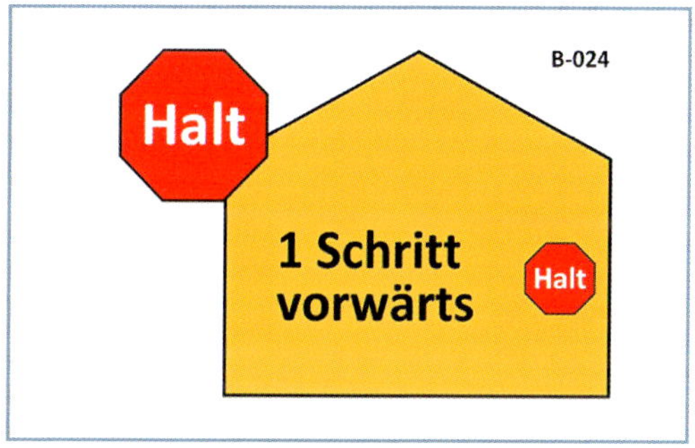

Schild B-026 und B-027

In der Kreisspirale stehen analog zu den Übungen 018 und 019 drei Pylonen im Abstand von 1,50 m auf einer Linie hintereinander. Das Team umrundet nacheinander erst die erste, dann die zweite, dann die dritte Pylone. Dies geschieht entweder im Uhrzeigersinn (026), so dass der Hund außen läuft, oder gegen den Uhrzeigersinn (027), so dass er sich innen befindet.

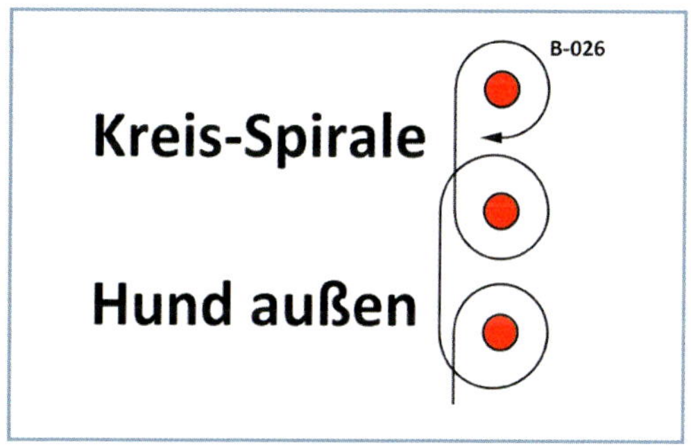

Der Ausgang aus der Kreisspirale richtet sich nach dem Laufweg zum nächsten Schild.

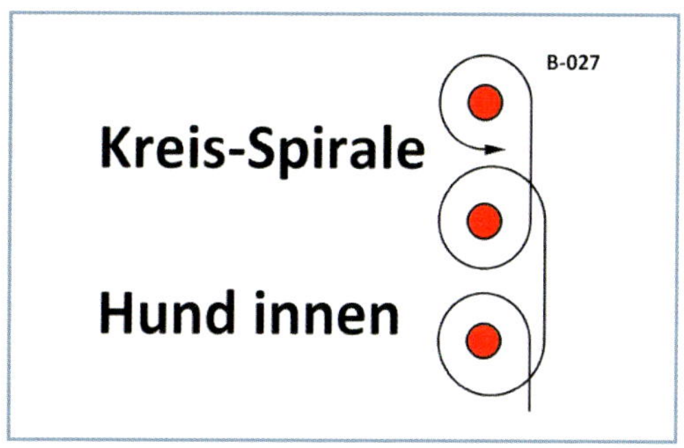

Klasse 1

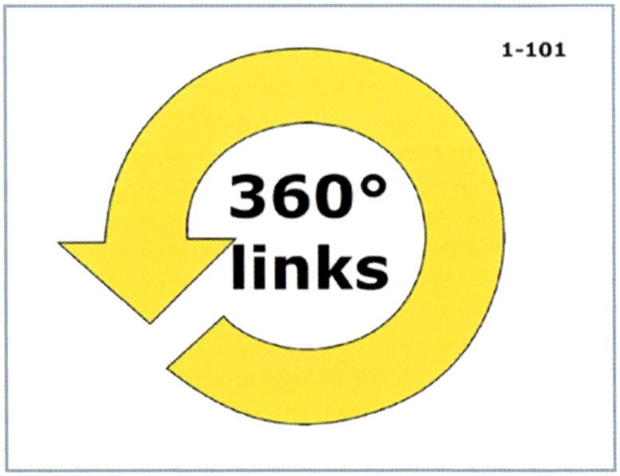

Schild 1-101

Analog zur Übung B-013 aus der Beginnerklasse dreht sich das Team hier auf der Stelle nach links einmal um 360 Grad. Da hier kein Richtungswechsel des Laufweges resultiert, wird diese Übung links vom Schild ausgeführt. Die Füße des Hundeführers sollten dabei auf der Stelle drehen auf einem gedachten DIN A4-Blatt. Nach der Drehung geht das Team ohne anzuhalten weiter.

360° links

Schild 1-102

Bei dieser Übung handelt es sich um einen Richtungswechsel, da der Laufweg parallel nach rechts verschoben wird, sie wird also vor dem Schild ausgeführt. Im Arbeitsbereich macht der Hundeführer mit dem rechten Fuß einen Parallelschritt nach rechts und zieht den linken Fuß in einem Winkel erst ran und dann nach vorne, ohne ihn dabei abzusetzen. Der Hund folgt dieser Bewegung in Fußposition. Das Team geht ohne anzuhalten weiter.

Schild 1-103-106

Die Übungen 103-106 sind Richtungswechsel und werden vor dem Schild ausgeführt. In allen vier Übungen kommt das Team vor dem Schild im Arbeitsbereich zum Stehen. Der Hund setzt sich in Grundstellung neben dem Hundeführer ab. Es erfolgt jetzt ein Winkel nach rechts (103 und 105) bzw. links (104 und 106). Hierbei müssen sich die Füße des Hundeführers berühren, so dass der Winkel, den die Füße zeigen, deutlich zu sehen ist.

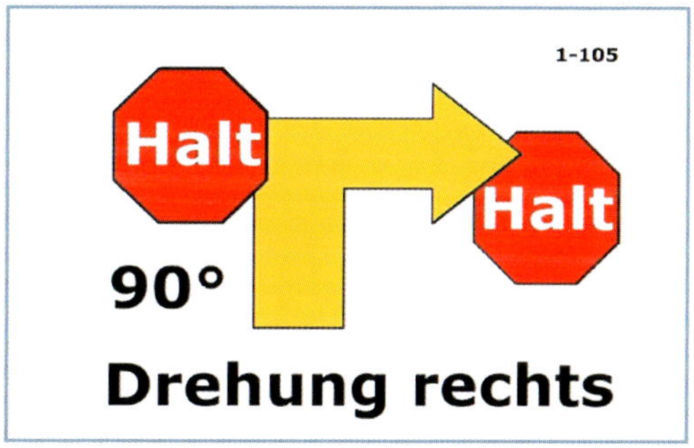

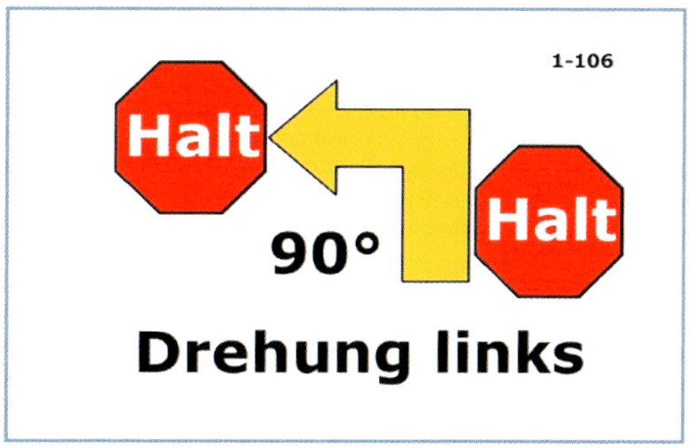

Der Winkel nach rechts.

Jetzt wird entweder der andere Fuß parallel danebengestellt und das Team kommt erneut zum Stillstand (105 und 106), der Hund setzt sich wieder in Grundstellung neben den Hundeführer, oder das Team geht ohne anzuhalten in die neue Richtung weiter (103 und 104).

Schild 1-107

Analog zu Schild B-024 aus der Beginnerklasse wird diese Übung links neben dem Schild ausgeführt. Das Team kommt im Arbeitsbereich zum Stehen, der Hund setzt sich in Grundstellung neben den Hundeführer. Beide machen einen Schritt nach vorn und es erfolgt erneut ein Stillstand, der Hund setzt sich. Jetzt machen beide zwei Schritte nach vorn, kommen wieder zum Stehen und der Hund setzt sich. Schließlich folgen vom Team drei Schritte nach vorn und ein Stillstand, der Hund setzt sich wieder.

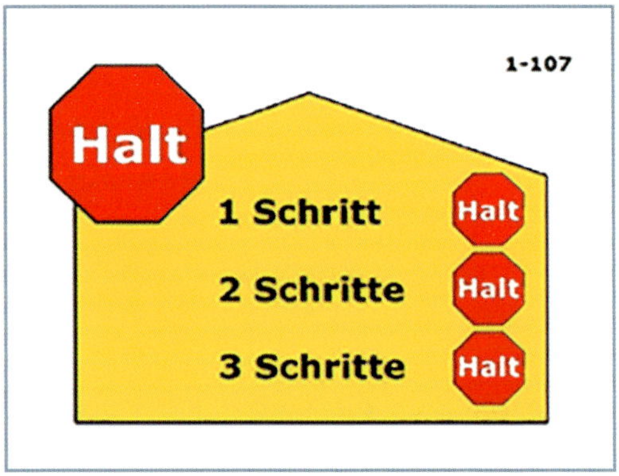

Schild 1-108

Analog zum Schild B-025 erfolgt links vom Schild im Arbeitsbereich die Einleitung zum Vorsitz. Nach dem ersten Vorsitz geht das Team einen Schritt gerade rückwärts und es erfolgt erneut ein Vorsitz. Dann folgen zwei Schritte gerade rückwärts und ein Vorsitz sowie schließlich drei Schritte gerade rückwärts und ein Vorsitz.

Die Übung wird wie jeder Vorsitz mit einem Zusatzschild (Z 0a-0d) abgeschlossen.

Vorsitz – 1, 2, 3 Schritte rückwärts

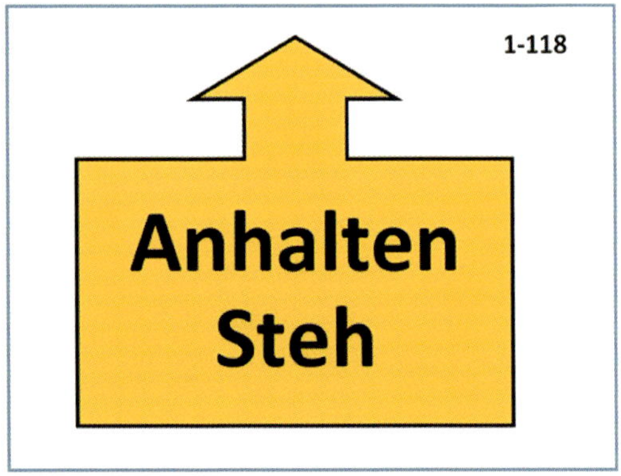

Schild 1-109 und 1-118

Beide Übungen werden links vom Schild ausgeführt. Das Team kommt im Arbeitsbereich zum Stillstand. Erst wenn der Hundeführer seine Position eingenommen hat, erfolgt per Hör- und/oder Sichtzeichen die Aufforderung an den Hund, ins Platz (109) zu gehen oder stehen zu bleiben (118). Der Hund befindet sich jeweils in Fußposition. Es darf vorher durch den Hund kein Sitz gezeigt werden.

Anhalten-Steh

Schild 1-110

Die Übung wird links vom Schild ausgeführt. Das Team kommt im Arbeitsbereich zum Stillstand, der Hund setzt sich in Grundstellung neben dem Hundeführer ab. Das Angehen erfolgt jetzt im Laufschritt. Das Tempo wird beibehalten, bis das Team das nächste Mal zum Stillstand kommt, oder in der nächsten Übung ein Tempowechsel folgt.

Schild 1-111 und 1-117

Der Slalom und die Übung Acht mit Ablenkung werden genauso ausgeführt wie die Schilder B-020 und 022 der Beginnerklasse. In Klasse 1 werden die mittleren beiden Pylonen des Slaloms durch Futterschalen mit einer Abdeckung ersetzt (gelb markiert), in denen sich entweder Futter oder Spielzeug als Ablenkung für den Hund befindet, ebenso wie in den Futterschalen der Figur 8. Der Hund darf während der Übungsausführung nicht an den Futterschalen schnüffeln oder diese berühren, reinbeißen oder sie umwerfen.

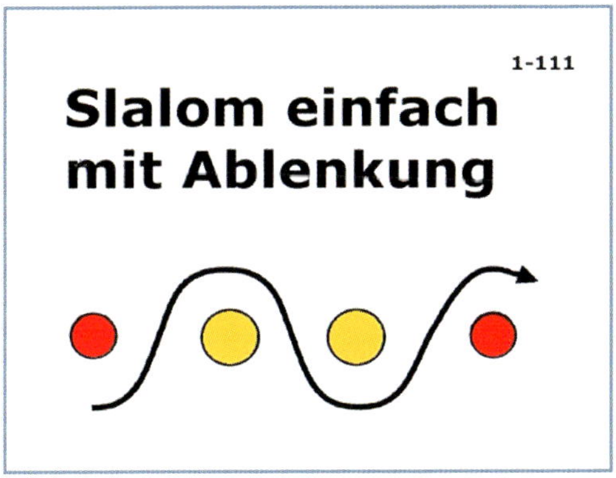

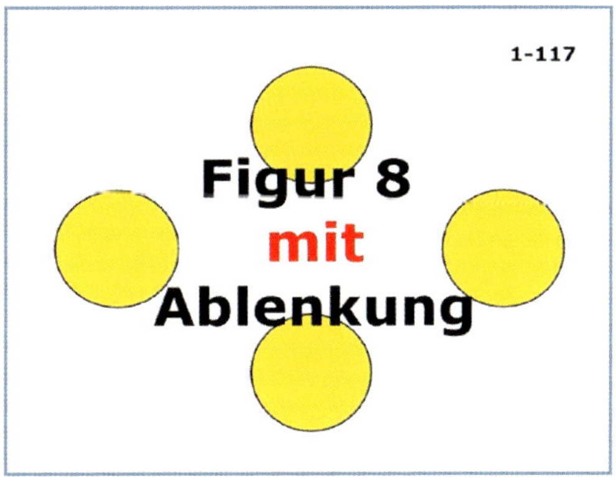

Schild 1-112 und 1-113

Analog zum Schild B-008 und 009 erfolgt hier eine 180 Grad-Wendung des Teams und die Übung wird folglich vor dem Schild ausgeführt. Anders als in der Beginnerklasse, wo ein kleiner Bogen in der Ausführung erlaubt ist, erfolgt die Wendung des Hundeführers hier auf der Stelle auf einem gedachten DIN A4-Blatt nach rechts (112) oder links (113).

Nach Beendigung der Übung geht das Team ohne anzuhalten weiter.

Schild 1-114 und 1-115

Bei den Übungen 114 und 115 handelt es sich um Richtungswechsel, da der Laufweg parallel nach rechts (114) oder links (115) verschoben wird, sie werden vor dem Schild eingeleitet.
Es erfolgt zunächst ein Vorsitz analog zum Schild B-114 der Beginnerklasse.
Dann macht der Hundeführer einen Schritt nach rechts (114) bzw. links (115), der Hund folgt dieser Bewegung sofort spiegelbildlich und setzt sich wieder in den Vorsitz vor dem Hundeführer ab.

Abgeschlossen wird die Übung erneut mit einem Zusatzschild (Z-0a-0d).

Schild 1-116

Die Doppelkehrtwende ist kein Richtungswechsel und wird daher im Unterschied zur einfachen Kehrtwende links neben dem Schild ausgeführt. Analog zur Ausführung der Kehrtwende in Schild B-010 aus der Beginnerklasse erfolgt eine Kehrtwende im Arbeitsbereich, eine zweite Kehrtwende wird sofort angeschlossen, sodass sich der Hundeführer auf der Stelle um 360 Grad dreht und der Hund gegenläufig um ihn herumläuft. Nach Beendigung der Übung gehen beide sofort weiter ohne anzuhalten.

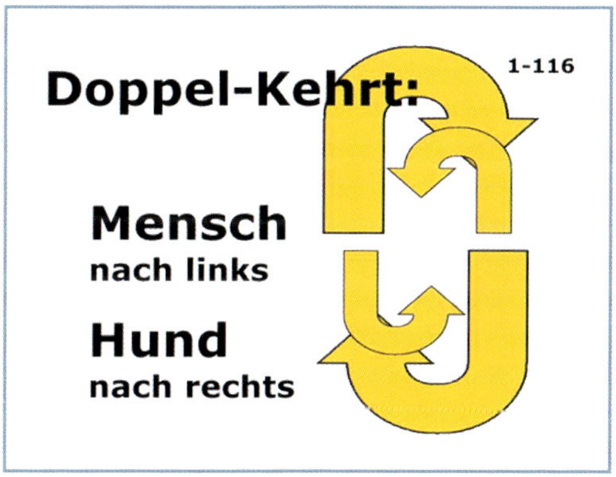

Schild 1-119 und 1-120

Die Übungen 119 und 120 werden vor dem Schild ausgeführt, da aus ihnen ein Richtungswechsel resultiert. Sie sind vergleichbar mit den Übungen 103 und 104, jedoch mit einem Steh statt einem Sitz.

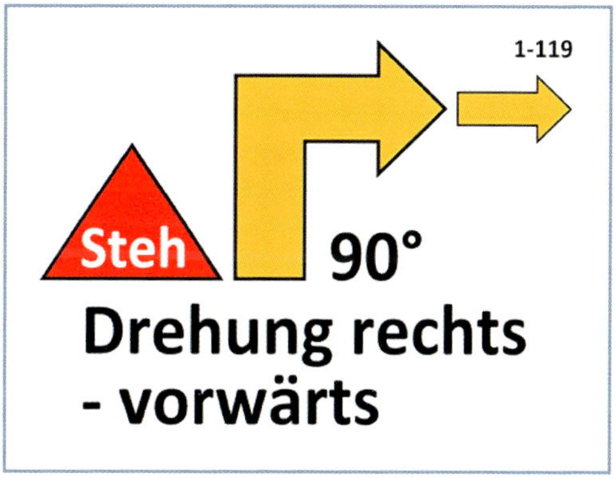

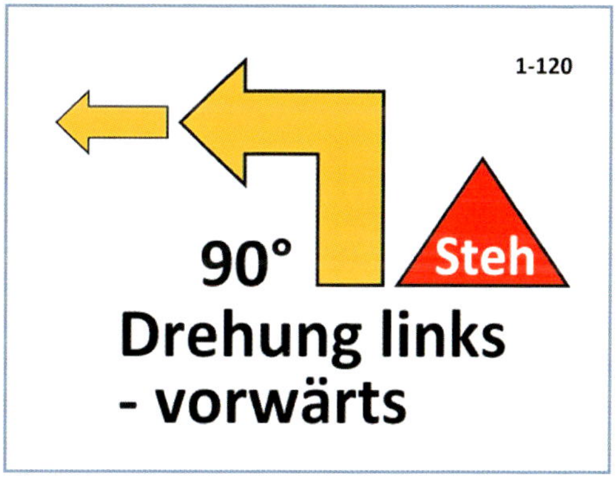

Hier wird verlangt: Steh-90° rechts-vorwärts.

Klasse 2

Schild 2-201 und 2-202

Die Übungen 201 und 202 werden wie die Übungen 105 und 106 aus Klasse 1 ausgeführt mit dem Zusatz, dass zusätzlich nach dem Winkel ein Vorwärtsschritt vor dem zweiten Sitz gezeigt werden muss.

Schild 2-203 bis 2-206

Alle vier Übungen beinhalten einen Richtungswechsel und werden vor dem Schild ausgeführt. Das Team kommt im Arbeitsbereich zum Stillstand, der Hund setzt sich in Grundstellung neben den Hundeführer. Jetzt erfolgt eine 180 Grad-Wendung nach rechts (203 und 205) bzw. links (204 und

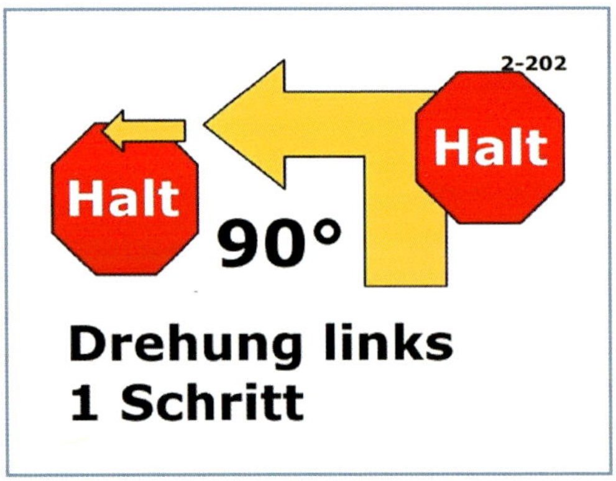

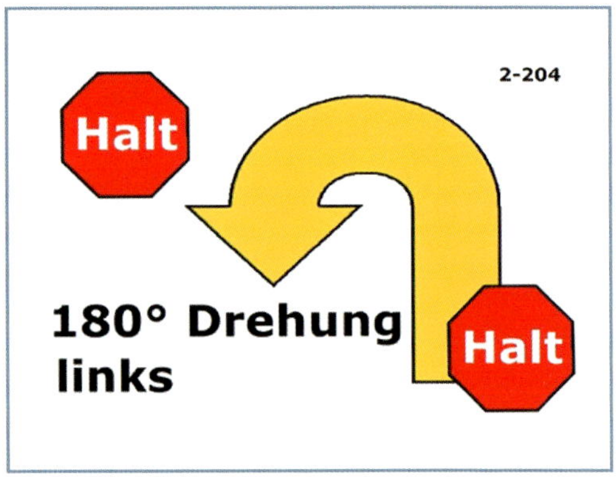

DER HUND
DAS ORIGINAL
Das Magazin für alle Hundefreunde
Jetzt
3 Gratis Hefte
sichern!
Mit einem Menschen an der Leine
macht der Spaziergang
noch mehr Spaß.
Lily Brown
Foto: annaav/stock.adobe

Lieber Leser,

vielen Dank für Ihre Antwort.
Nur durch Ihre Anregungen und Ihre Kritik können wir uns ständig verbessern. Bitte schreiben Sie uns doch auf dieser Antwortkarte, wie Ihnen das Buch gefallen hat.

Autor und Titel des Buches:

Meine Meinung zu diesem Buch:

☐ sehr gut ☐ gut ☐ weniger gut ☐ nicht so gut

Kommentar:

Schreiben Sie uns und gewinnen Sie!

Unter den Einsendern werden jeden Monat 10 Büchergutscheine im Wert von jeweils € 50,– verlost.

206), wobei der Hundeführer auf der Stelle dreht. Wieder an das DIN A4-Blatt denken! Nach Beendigung der Drehung kommt das Team erneut zum Stillstand und der Hund setzt sich in Grundstellung neben den Hundeführer (204 und 205) bzw. das Team geht nach der Drehung ohne anzuhalten weiter (205 und 206).

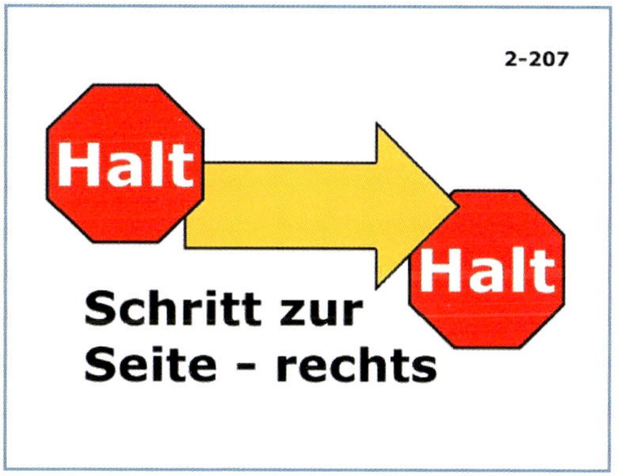

Schild 2-207
In dieser Übung erfolgt eine Verschiebung des Laufweges parallel nach rechts, sodass ein Richtungswechsel vorliegt und die Übung vor dem Schild erfolgt. Im Arbeitsbereich kommt das Team zum Stehen, der Hund setzt sich in Grundstellung neben den Hundeführer. Nun macht das Team einen Schritt nach rechts und kommt wieder zum Stehen, der Hund setzt sich erneut in Fußposition ab.

So geht's: Halt-Schritt nach rechts-Halt.

Schild 2-208

Diese Übung wird praktisch nie in einem Turnier gestellt, trotzdem soll sie hier erklärt werden.

Das Team kommt links neben dem Schild im Arbeitsbereich zum Stehen, der Hund setzt sich in Grundstellung neben den Hundeführer. Jetzt signalisiert der Hundeführer dem Hund zu bleiben und geht im Laufschritt in Richtung des nächsten Schildes, nach mindestens drei Laufschritten ruft er den Hund ab. Sobald dieser mit seiner Schulter die Höhe des linken Beines des Hundeführers erreicht hat, leitet der Hundeführer den Vorsitz ein. Nach dem Vorsitz folgt ein Abschluss (Z-0a-d).

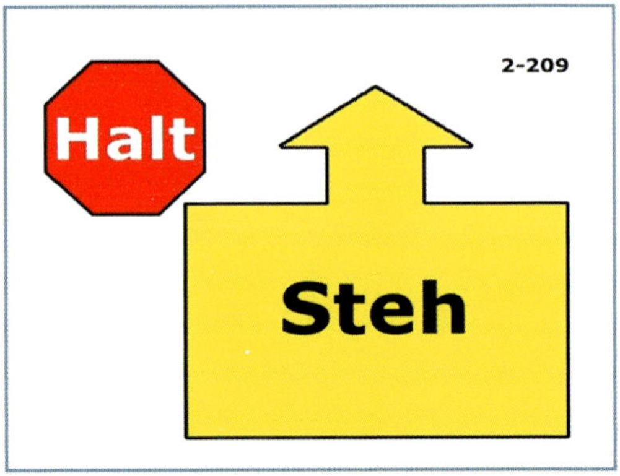

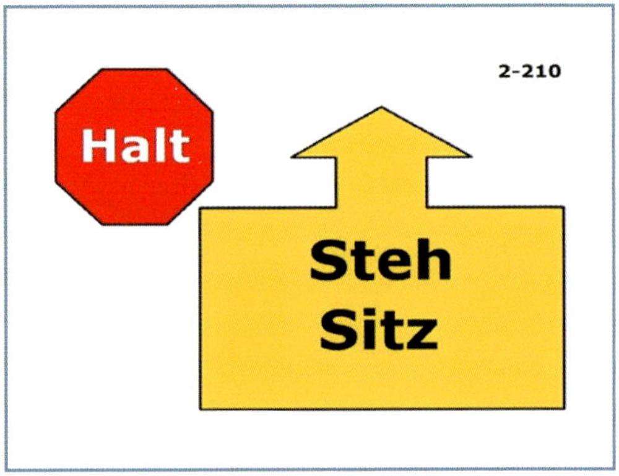

Schild 2-209 und 2-210

Das Team kommt links neben dem Schild im Arbeitsbereich zum Stillstand, der Hund setzt sich in Grundstellung neben den Hundeführer. Nun bringt der Hundeführer den Hund in die Steh-Position, dabei darf der Hund sich nicht aus seiner Position fortbewegen. Der Hundeführer darf seinen Standort verlassen, muss ihn aber dann wieder neben dem Hund einnehmen. Die Übung 209 ist jetzt beendet. In Übung 210 erfolgt nun erneut ein Sitz des Hundes, ohne dass dieser seine Position verlässt.

Schild 2-211

Diese Übung erfolgt in Kombination mit den Schildern 2-213 bis 2-216 oder 3-308 bis 3-309 oder 3-319 bis 3-322 als nächstes Schild.

Das Team kommt links neben dem Schild im Arbeitsbereich zum Stillstand.

Der Hund setzt sich in Grundstellung neben den Hundeführer. Der Hundeführer signalisiert dem Hund in dieser Position zu verbleiben und geht zum nächsten Schild. Der Hund darf seine Position nicht verlassen, bis der Hundeführer ihn abruft oder ein anderes Kommando gibt.

Halt-Weggehen. Der Hund darf seine Position nicht verlassen.

Schild 2-212
Diese Übung erfolgt in Kombination mit den Schildern 2-213 bis 2-216 oder 3-302, 3-308 oder 3-319 bis 3-320 als nächstes Schild.

Zunächst wird diese Übung wie die 109 aus Klasse 1 ausgeführt. Der Hundeführer signalisiert dem Hund in dieser Position zu verbleiben und geht zum nächsten Schild. Der Hund darf seine Position nicht verlassen, bis der Hundeführer ihn abruft oder ein anderes Kommando gibt.

Schild 2-213
Bei dieser Übung hat der Hundeführer den Hund am letzten Schild zurückgelassen und geht jetzt allein zu dieser Übung. Im Arbeitsbereich links neben dem Schild dreht er um, geht zurück zum Hund und stellt sich wieder rechts neben ihn. Der Hund darf sich während der Ausführung nicht aus seiner Position wegbewegen oder diese ändern.

Schild 2-214
Bei dieser Übung hat der Hundeführer den Hund am letzten Schild zurückgelassen und geht nun allein zu dieser Übung. Im Arbeitsbereich dreht der Hundeführer sich um und bleibt stehen. Er ruft den Hund ab in den Vorsitz. Beim Abruf dürfen keine Rückwärtsschritte wie sonst beim Vorsitz erfolgen. Die Übung wird mit einem Zusatzschild (Z-0a-d) abgeschlossen.

Schild 2-215 und 2-216
Bei dieser Übung hat der Hundeführer den Hund am letzten Schild zurückgelassen und geht allein zu dieser Übung.

Im Arbeitsbereich bleibt der Hundeführer stehen (215) oder dreht sich um und bleibt dann stehen (216), im Anschluss wird der Hund abgerufen. Sobald der Hund sich in Fußposition links neben dem Hundeführer eingefunden hat, also die Schulter des Hundes auf Höhe des Beines des Hundeführers auftaucht, geht das Team sofort weiter. In Übung 216 darf sich der Hund sowohl rechts als auch links herum in die Fußposition einordnen.

Der Hund wird abgerufen, ohne dass sich der Hundeführer dabei umdreht.

Schild 2-217

Das Team bewegt sich am Schild vorbei in Richtung der 5 m entfernt stehenden Hürde. Der Hundeführer signalisiert dem Hund, über die Hürde zu springen, und geht selbst ohne anzuhalten dicht neben der Hürde weiter in Richtung der nächsten Übung. Nach dem Sprung ruft der Hundeführer den Hund wieder in die Fußposition. Das Kommando zum Sprung darf an beliebiger Stelle erfolgen.

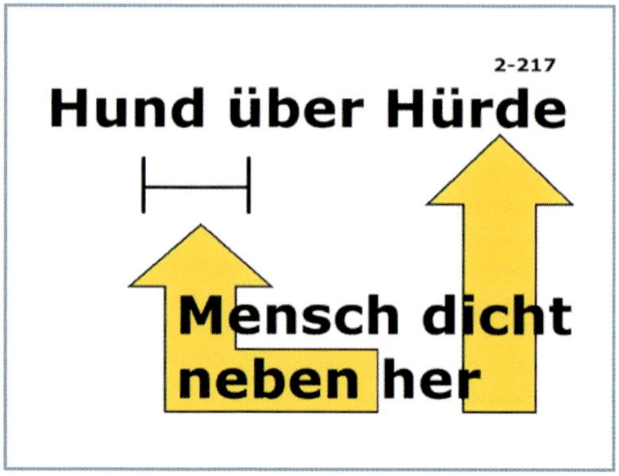

So sieht die Ausführung aus: Schild »Hund über Hürde - Mensch dicht nebenher«.

Die Sprunghöhe richtet sich nach der Schulterhöhe des Hundes:

- 10 cm Sprunghöhe für Hunde bis < 30 cm Schulterhöhe
- 20 cm Sprunghöhe für Hunde 30 - < 40 cm Schulterhöhe
- 30 cm Sprunghöhe für Hunde 40 - < 50 cm Schulterhöhe
- 40 cm Sprunghöhe für Hunde ab 50 cm Schulterhöhe

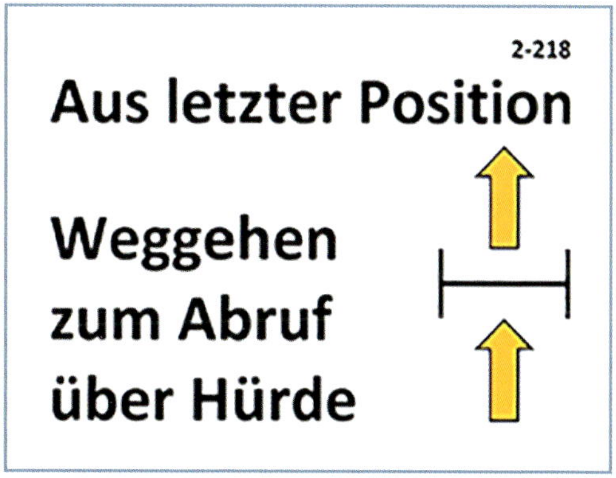

Schild 2-218

Diese Übung wird gestellt in Kombination mit den Schildern 2-214 bis 2-216 oder 3-319 als darauffolgende Übung. Sie kann auch als zweites Schild mit einer vorherigen stationären Übung vorkommen.

Abruf über die Hürde.

Der Hund befindet sich bereits in einer stationären Position (Sitz, Steh oder Platz) und der Hundeführer signalisiert ihm in dieser Position zu bleiben, während er sich selbst an der 5 m entfernt positionierten Hürde vorbei wegbewegt und zum nächsten Schild weitergeht. Der Hund darf seine Position bis zum Abrufsignal nicht verändern. Die Sprunghöhe richtet sich nach der Schulterhöhe des Hundes wie oben im Kasten beschrieben.

Schild 2-219

Diese Übung wird auch Twist genannt. Der Hundeführer leitet diesen im Arbeitsbereich links neben dem Schild ein. Er signalisiert dem Hund, sich nach links weg, gegen den Uhrzeigersinn, um die eigene Achse zu drehen, und geht selbst weiter geradeaus. Der Hundeführer darf dabei nicht stehen bleiben. Nach erfolgter Drehung ordnet sich der Hund wieder in Fußposition ein, und das Team setzt seinen Weg fort in Richtung zum nächsten Schild.

So wird der Twist ausgeführt.

Hier wird »Slalom hin und zurück« gefordert.

Schild 2-220

Der Doppelslalom mit Ablenkung wird genauso ausgeführt wie das Schild B-021 der Beginnerklasse. In Klasse 2 befinden sich jedoch in den Futterschalen (gelb markiert auf dem Übungsschild) entweder Futter oder Spielzeug als Ablenkung für den Hund. Der Hund darf während der Übungsausführung nicht an den Futterschalen schnüffeln oder diese berühren, reinbeißen oder sie umwerfen.

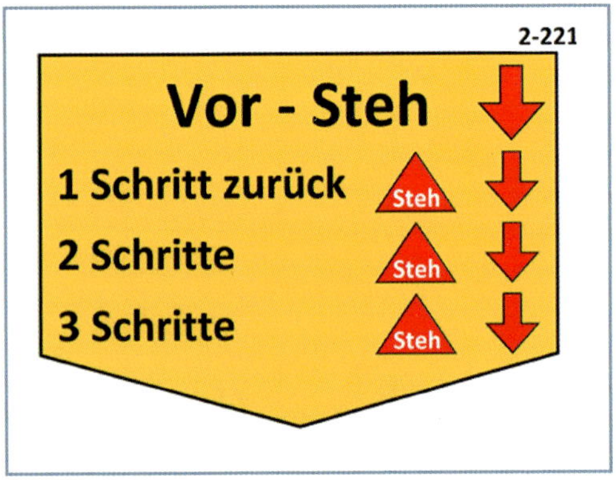

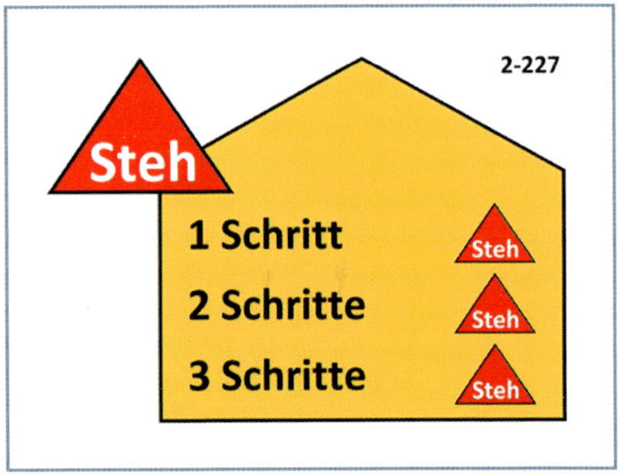

Schild 2-221 und 2-227

Diese Übungen werden wie die Übungen 108 und 107 aus Klasse 1 ausgeführt, nur das hier statt des Sitz ein Steh erfolgt.

Los geht es in die Übung: Vorsteh - 1, 2, 3 Schritte.

Schild 2-222

Diese Übung ist kein Richtungswechsel und wird links neben dem Schild ausgeführt. Der Hundeführer leitet den Vorsitz im Arbeitsbereich ein. Sitzt der Hund, erfolgt erst ein Schritt nach links, dann ein erneuter Vorsitz, ohne dass man zum Gerade-Ausrichten dabei rückwärtsgeht, dann ein Schritt nach rechts und wieder ein erneuter Vorsitz. Der Hund sollte hierbei nicht in die neue Position abgerufen werden, sondern den Schritt mit dem Hundeführer spiegelbildlich zur gleichen Zeit ausführen. Abgeschlossen wird die Übung mit einem Zusatzschild (Z-0a-d).

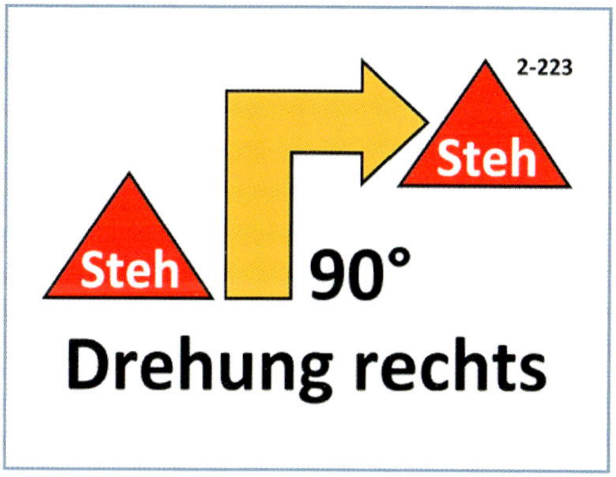

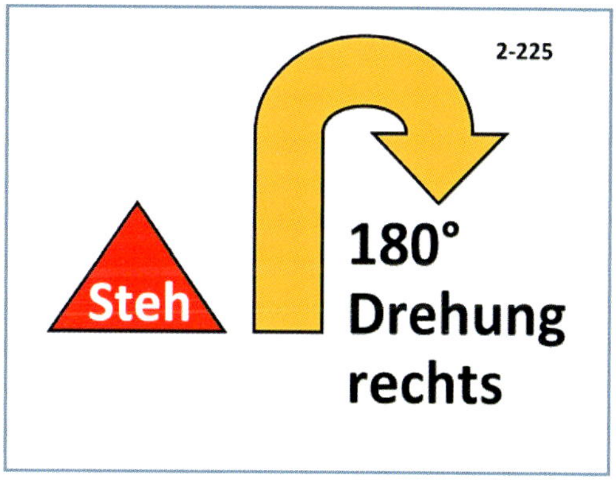

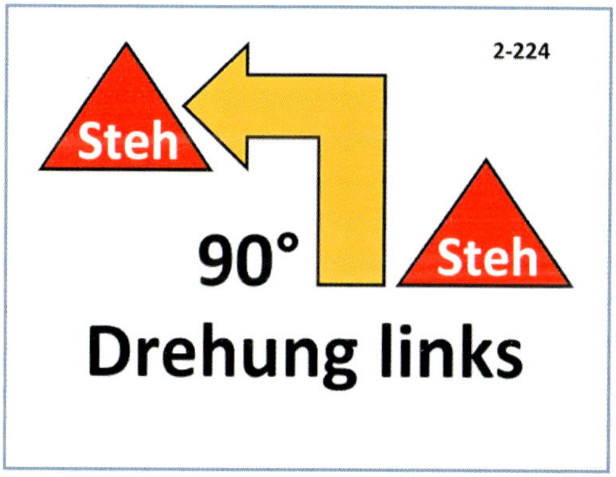

Steh-90° – links-Steh

Schild 2-223 und 2-224
Diese Übungen werden wie die Übungen 105 und 106 aus Klasse 1 ausgeführt, nur das hier statt des Sitz ein Steh erfolgt.

Schild 2-225 und 2-226
Diese Übungen werden wie die Übungen 205 und 206 ausgeführt, nur dass hier statt des Sitz ein Steh erfolgt.

Klasse 3

Schild 3-301

Das Schild zu dieser Übung kann sowohl links als auch rechts vom Laufweg positioniert sein. Es hängt davon ab, ob der Hundeführer nach rechts oder links vom Hund weggehen muss, um auf das nächste Schild zu treffen. Dieses Schild wird in Kombination mit den Übungen 215, 216, 302 oder 319 gestellt.

Das Team kommt im Arbeitsbereich zum Stehen, der Hund setzt sich neben den Hundeführer in Grundstellung. Der Hundeführer signalisiert dem Hund in dieser Position zu verbleiben und geht im vorgegebenen Winkel allein zum nächsten Schild.

Schild 3-302

Dieses Schild wird als nachfolgendes Schild zu den Übungen 301 oder 314 gestellt, in einem Winkel mit einem seitlichen Abstand von mindestens 1,80 m und in einer Distanz von 3 m (301) oder 5 m (314) zum vorherigen Schild.

Der Hundeführer dreht sich im Arbeitsbereich des Schildes um und hält an, er ruft seinen Hund ab in den Vorsitz. Das Schild wird mit einem Zusatzschild abgeschlossen (Z 0-a-d).

Auf diesem Bild zeigt das Team »Abrufen aus dem Winkel«.

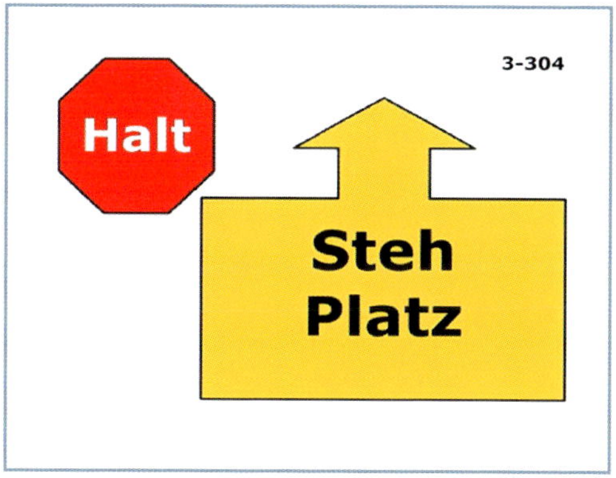

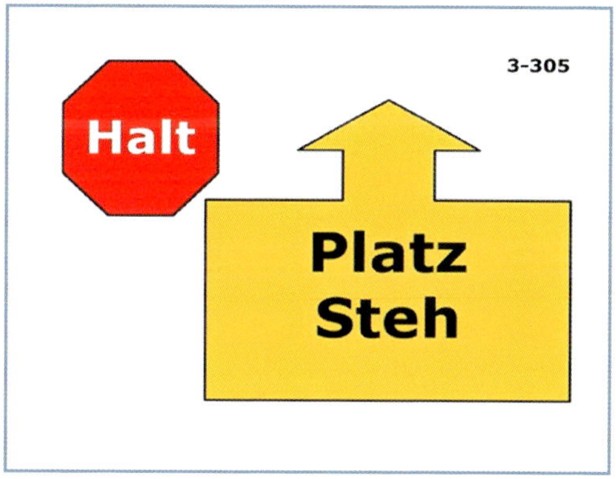

Schild 3-303 und 3-318

Diese Übungen werden genauso ausgeführt, wie die Übungen 004 und 023 aus der Beginnerklasse. Es erfolgt hier jedoch jeweils ein Steh statt ein Sitz.

Schild 3-304 und 3-305

Das Team kommt im Arbeitsbereich links vom Schild zum Stillstand, der Hund setzt sich neben den Hundeführer in Grundstellung. Jetzt erfolgt durch den Hund, ohne seine Position zu verlassen, erst ein Steh (304) bzw. Platz (305), dann ein Platz (304) bzw. Steh (305). Der Hundeführer darf sich beim Positionswechsel des Hundes aus seiner Position wegbewegen, muss sie aber dann wieder einnehmen, bevor der nächste Positionswechsel des Hundes erfolgt.

Schild 3-306

Diese Übung beginnt wie Übung 118 aus Klasse 1. Nun geht das Team drei Schritte gerade rückwärts, der letzte Schritt des Hundeführers ist ein Wiegeschritt, der dann sofort in ein Vorwärtsgehen des Teams ohne Anhalten übergeht.

Mensch und Hund beim Rückwärtsrichten.

Schild 3-307

Die Übung beginnt wie Übung 118 aus Klasse 1. Der Hundeführer signalisiert seinem Hund, in dieser Position zu verbleiben, und geht selbst weg zum nächsten Schild.

Das Schild wird in Kombination mit Übung 213-216, 302, 308-309 oder 319-322 als nächstes Schild gestellt.

Schild 3-308, 3-320 und 3-321

Diese Schilder werden als Folgeschilder auf eine Übung, die das Weggehen des Hundeführers beinhaltet, gestellt.

Der Hundeführer dreht sich im Arbeitsbereich des Schildes um und bleibt stehen. Er ruft seinen Hund ab. Sobald der Hund läuft, erfolgt das Kommando Platz. Der Hund muss auf dem Weg zum Hundeführer nach mindestens zwei Drittel der Strecke ins Platz gekommen sein. Dort befindet sich meist eine Markierung auf dem Boden. Danach geht der Hundeführer zurück zum Hund und stellt sich rechts neben ihn (320). Oder es erfolgt der Abruf in den Vorsitz (308)

Abruf ins Platz.

oder die Fußposition (321). Die Übung endet mit einem Zusatzschild (Z 0a-d) (308) oder das Team geht weiter, sobald die Schulter des Hundes auf Höhe des linken Beines des Hundeführers auftaucht (321). Der Hundeführer darf seine Füße während der Übung nicht bewegen.

Schild 3-309 und 3-322

Dieses Schild wird als Folgeschild auf eine Übung, die das Weggehen des Hundeführers beinhaltet, gestellt.

Der Hundeführer dreht sich im Arbeitsbereich des Schildes um und bleibt stehen. Er signalisiert jetzt seinem Hund das Platz, das der Hund ausführt, ohne sich aus seiner Position wegzubewegen. Anschließend signalisiert der Hundeführer ein Sitz, das der Hund ebenfalls ohne sich wegzubewegen ausführt. Danach geht der Hundeführer zurück zum Hund und stellt sich rechts neben ihn (322) oder es erfolgt der Abruf in den Vorsitz (309). Die Übung 309 endet mit einem Zusatzschild (Z 0a-d). Der Hundeführer darf seine Füße während der Übung nicht bewegen.

Sitz auf Entfernung.

Schild 3-310 bis 3-312

Diese Übungen beinhalten keinen Richtungswechsel und werden links vom Schild im Arbeitsbereich eingeleitet. Sobald das Team diesen erreicht hat, gibt der Hundeführer das Signal zum Sitz (310), Platz (311) oder Steh (312) und geht ohne anzuhalten weiter zum nächsten Schild. Der Hundeführer darf den Oberkörper in Richtung Hund umdrehen, die Füße müssen aber weiter in Laufrichtung zeigen. Der Hund muss dem Signal innerhalb von einer Hundelänge Folge leisten und die Position halten, bis sie durch den Hundeführer durch Abruf aufgelöst wird.

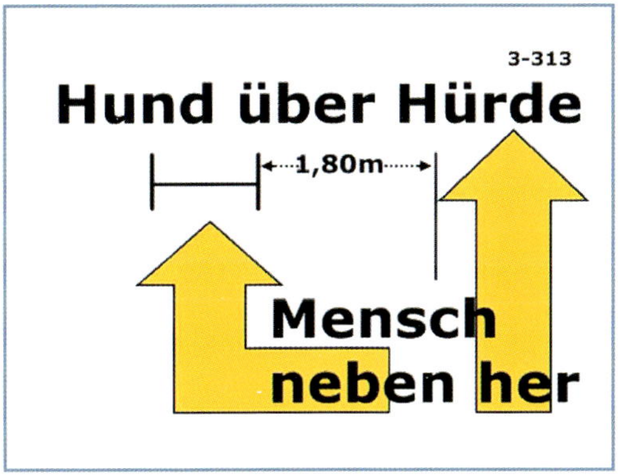

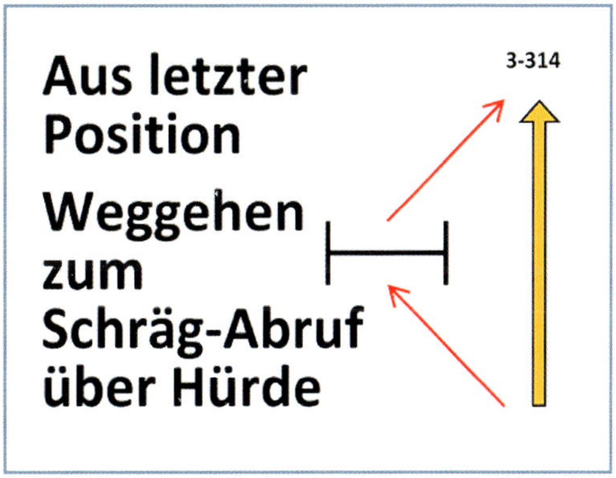

Schild 3-313

Diese Übung wird wie Übung 217 aus Klasse 2 ausgeführt, jedoch befindet sich die Hürde in einem Abstand von 1,80 m parallel zum Laufweg des Hundeführers. Der Hund läuft also erst in einem Winkel vom Hundeführer weg auf die Hürde zu und dann in einem Winkel nach dem Sprung zurück zum Hundeführer. Der Hundeführer darf sich nicht in Richtung Hürde bewegen. Auf dem Boden befindet sich meist eine Markierung, die er nicht überschreiten darf.

Schild 3-314

Diese Schild wird als zweites Schild in Kombination mit einer stationären Übung gestellt und wird wie die Übung 218 aus Klasse 2 ausgeführt. Die Hürde befindet sich jedoch in einem Abstand von 1,80 m parallel zum Laufweg des Hundeführers, der Hund läuft also erst in einem Winkel vom Hundeführer weg auf die Hürde zu und dann in einem Winkel nach dem Sprung zurück zum Hundeführer. Die Hürde kann sowohl links als auch rechts vom Laufweg positioniert sein.

Schild 3-315

Der Doppeltwist wird genauso ausgeführt wie der einfache Twist der Übung 219 aus Klasse 2, allerdings mit dem Zusatz, dass sich hier auch der Hundeführer zeitgleich zum Hund mit dem Uhrzeigersinn um 360 Grad dreht.

Beim Doppeltwist drehen sich Mensch und Hund.

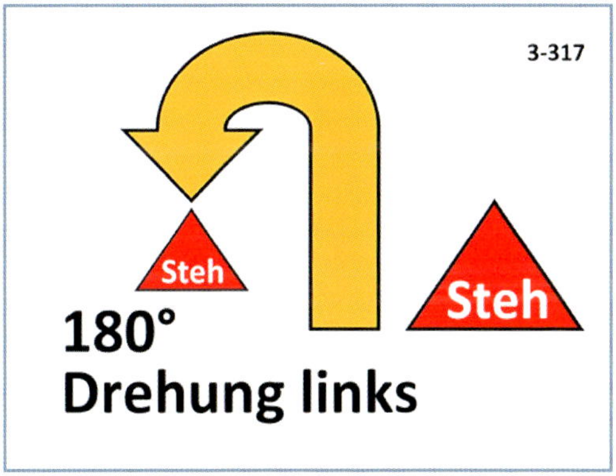

Schild 3-316 und 3-317
Diese Übungen erfolgen analog zu den Übungen 203 und 204 aus Klasse 2, nur dass hier statt einem Sitz ein Steh erfolgt.

Seniorenklasse

Für die Seniorenklasse können prinzipiell Schilder aus allen Leistungsklassen verwendet werden. Ausgenommen sind Schilder, die Sprünge oder enge Linkswendungen beinhalten, sowie Abrufschilder und Distanzarbeit.

Das ist die Schilder-Sammlung der Seniorenklasse:

Beginnerklasse:
Schilder 001, 002, 004-008, 010, 011, 013-026
Klasse1:
Schilder 102-105, 109-112, 114-120
Klasse 2:
Schilder 220-223, 225, 227
Klasse 3:
303, 318

5. Das Turnier

Grundvoraussetzungen für den Start:

- Der Hund ist mindestens 15 Monate alt.
- Der Hund hat eine gültige Tollwutimpfung.
- Für den Hund existiert eine Haftpflichtversicherung.
- Der Hund ist durch einen Chip oder eine Tätowierung identifizierbar.
- Es liegt eine Turnierkarte oder Leistungsurkunde für das Team vor.

Eine bestandene Begleithundeprüfung ist keine Voraussetzung für eine Teilnahme an einem Rally Obedience-Turnier.

Wie bereite ich mich sinnvoll vor?

Neben dem Erlernen und Trainieren, der für die jeweilige Leistungsklasse erforderlichen Übungen, gibt es noch andere Faktoren, die bei einem Turnierstart zu berücksichtigen sind.

Ein Turnier ist eine Veranstaltung an einem für den Hund fremden Ort und auf einem fremden Gelände. Das an sich kann einen unerfahrenen Hund schon verunsichern oder aufregen. Es ist manchmal hilfreich, sich über die Gegebenheiten vor Ort im Vorfeld zu informieren. Gibt es zum Beispiel in unmittelbarer Nähe eine große Straße, Bahnlinie oder ein Sport- oder Veranstaltungsgelände? Hilfreich kann hierbei die Recherche zum Beispiel bei Google Earth sein. Man sollte sich Folgendes fragen: Ist der eigene Hund Geräuschen von vorbeifahrenden LKWs oder Zügen, dem Lärm auf einem Fußballplatz oder anderen Veranstaltungen, dem Trubel auf dem Wettbewerbsgelände, mit Teilnehmern, Helfern, Hunden, Lautsprecherdurchsagen oder Musik gewachsen? Kann er in dieser Atmosphäre konzentriert mitarbeiten?

Es empfiehlt sich also, auch im Training ruhig mal auf fremden Plätzen zu üben, um einer Überforderung des Hundes bei seinem ersten Turnier vorzubeugen. Häufig ist es als Verbandsmitglied kein Problem, bei anderen Vereinen in der Umgebung anzufragen, ob ein Besuch oder Training möglich ist. Alternativ kann man sein privates Training auch mal an einen öffentlichen Ort wie einen großen Parkplatz oder öffentlichen Park verlegen und die Ablenkung dort als Übung nutzen. Man kann auch im Training die anderen Teilnehmer bitten, für ein bisschen Lärm zu sorgen, neben dem Parcoursfeld ungewohnte Gegenstände aufzubauen oder dort sich laut zu unterhalten, Musik abzuspielen oder mit ihren Hunden zu spielen. Alles natürlich dem Nervenkostüm und der Erfahrung des Hundes angepasst. Nicht alles auf einmal testen, aber immer mal wieder in steigender Intensität Ablenkungen auch im Training einzubauen, bereitet den Hund auf die Wettbewerbssituation vor. Man hat auch immer die Möglichkeit, ohne Teilnahme ein Turnier im Vorfeld zu besuchen und sich einen Eindruck von der Atmosphäre zu verschaffen.

Wie melde ich mich zu einem Turnier an?

Es ist so weit: Man hat lange trainiert und die Übungen sitzen gut. Jetzt möchte man gerne die erworbenen Kenntnisse präsentieren und sich mit anderen Rally Obedience-Sportlern austauschen, treffen, ausprobieren und vergleichen. Turniere werden bevorzugt von Frühjahr bis Spätherbst zahlreich in allen Regionen in vergleichbar gut erreichbarer Distanz an den Wochenenden angeboten. Im Internet wird man unter den verschiedenen Links der Hundesportverbände, Portale für Hundesportveranstaltungen etc. auf der Suche nach einem passenden Termin und Veranstaltungsort fündig. An dieser Stelle seien einige Links exemplarisch erwähnt:

www.anmeldung-hundesport.de
www.caniva.com
www.rally-obedience-just-for-fun.de
www.dvg-hundesport.de

Um sich für ein Turnier anzumelden benötigt man entweder ein Meldeformular, das per E-Mail an die vom Veranstalter angegebene Meldeadresse geschickt wird, oder man muss sich auf dem entsprechenden Hundesportportal im Netz registriert haben und kann sich dort online anmelden. Meldeformulare können zum Beispiel auf den oben genannten Links des DVG oder Rally Obedience just for Fun runtergeladen, ausgefüllt und ausgedruckt werden. Nach Erhalt einer Meldebestätigung per E-Mail vom Veranstalter überweist man die Startgebühr, die in der Regel derzeit 15 Euro pro Hund beträgt, an die in der Meldebestätigung angegebene Bankverbindung und schon kann es losgehen.

Die richtige Ausrüstung

Am Turniertag selbst benötigt man einige wichtige Papiere: eine Turnierkarte oder Leistungsurkunde des Hundesportverbandes, dem man angehört. Turnierkarten gelten für alle Starter, also auch für Privatstarter, die keinem Hundesportverband angehören, und können zum Beispiel auf den oben angegebenen Links des DVG oder Rally Obedience just for Fun heruntergeladen werden.

Leistungsurkunden erhalten nur Mitglieder eines Hundesportverbandes. Diese müssen über den Vorsitzenden des eigenen Hundesportvereins beim Verband beantragt werden. Das dauert einige Zeit und sollte im Vorfeld bedacht werden. Leistungsurkunden sind dann notwendig, wenn man plant, sich mit den bei Turnieren erzielten Ergebnissen für eine Meisterschaft eines Hundesportverbandes regional oder überregional zu qualifizieren und daran teilzunehmen. Benutzt man eine Leistungsurkunde, um die Ergebnisse zu dokumentieren, entfällt die Notwendigkeit einer Turnierkarte. Auf den Tunierkarten oder in der Leistungsurkunde werden am Ende des Turniertages die

Meldeschein Rally Obedience

Prüfung am: ____________________

Ausrichter/Ort: ____________________

Anmeldung zu folgender Prüfung:

B	S	1	2	3
☐	☐	☐	☐	☐

Angaben zum Hund (Daten aus Leistungskarte bzw wenn nicht vorhanden aus dem Impfpass):

Name des Hundes lt. LU: ____________________ Schulterhöhe: ________

Rasse (lt. LU): ____________________ Rüde ☐ Hündin ☐

Wurftag: __________ ZB/Reg Nr.: __________ Impfung gültig bis: __________

Chip Nr. / Täto. Nr.: ____________________ LB/LK Nr.: __________

Hundeführer: männl. ☐ weibl. ☐ **jugendlich** (bis zur Vollendung des 18. Lebensjahrs im Jahres der Veranstaltung ☐

Name - Vorname: ____________________

Adresse (nur wenn keine E-Mail): ____________________

Tel./mobil (optional): __________ E-Mail **(Pflichtfeld)** __________

Mitglied im Verband (VDH/FCI): __________ Mitglied Nr.: __________ ohne Mitgliedschaft ☐

örtl Verein: (evtl MV-Nr) ____________________

Hundeeigentümer: Name - Vorname: ____________________

Mitglied im Verband (VDH/FCI): __________ Mitglied Nr.: __________ ohne Mitgliedschaft ☐

Ich beantrage eine Parcoursanpassung wegen einer Behinderung des HF ☐ des Hundes: ☐

Für den gemeldeten Hund besteht eine Haftpflichtversicherung und eine gültige Tollwutimpfung. Die Teilnahme erfolgt auf eigenes Risiko. Für alle durch meinen Hund verursachten Schäden übernehme ich persönlich die volle Haftung.
Die Meldung verpflichtet zur Zahlung der Meldegebühr. Angaben über Identität des Hundes und Mitgliedsnummer des Hundeführers und Eigentümers wurden überprüft. Startberechtigung ist nachgewiesenAuf gesonderte Anforderung der Ausschreibung sind die Qualifikationsprüfungen einzutragen.und **UNBEDINGT** eine **Kopie** der **relevanten Prüfungsergebnisse** der Meldung beizulegen bzw. nachzureichen.
Mit Abgabe der Meldung erkläre ich die Einhaltung der VDH Anti-Doping Regelungen und stimme möglichen Überprüfungen des Hundes zu.
Mir ist bewusst, dass die im Meldeschein angegebenen personenbezogenen Daten zum Zweck der Durchführung der Prüfung und Registrierung verarbeitet und gegebenenfalls ganz oder in Ausschnitten an die DVG Geschäftsstelle weitergeleitet werden. Eine Veröffentlichung der Prüfungsergebnisse erfolgt in den Vereinspublikationen und auf den Internetseiten des veranstaltenden Mitgliedsverein, der zuständigen Kreisgruppe, des zuständigen Landesverbandes und des DVG. Weiterhin weisen wir darauf hin, dass während der Veranstaltung zum Zweck der Berichterstattung, Öffentlichkeitsarbeit und Dokumentation Fotoaufnahmen gemacht werden, die in den Vereinspublikationen und auf Internetseiten des veranstaltenden Mitgliedsverein, der zuständigen Kreisgruppe, des zuständigen Landesverbandes und des DVG veröffentlicht werden können. Die Rechtmäßigkeit ergibt sich aus Art. 6 Abs. 1 Lit. b und f DSGVO und dem Kunsturhebergesetz.
Mir ist bekannt, dass ich diese Erklärung jederzeit widerrufen und die Löschung meiner Daten verlangen kann

Nachweis von Qualifikationsergebnissen bei Qualifikationsveranstaltungen

Datum	Ausrichter	Verband	Klasse	Punkte	Werturteil	Leistungsrichter/in

Datum — Unterschrift Hundeführer / Eigentümer — bei Jugendlichen Unterschrift des/der Erziehungsberechtigten

Bitte vergessen Sie nicht den gültigen Mitgliedsausweis Ihres Verbandes, den Impfausweis sowie eine gültige Leistungskarte / Prüfungsheft mitzubringen, sonst ist kein Start möglich!

Meldeformular für ein Turnier

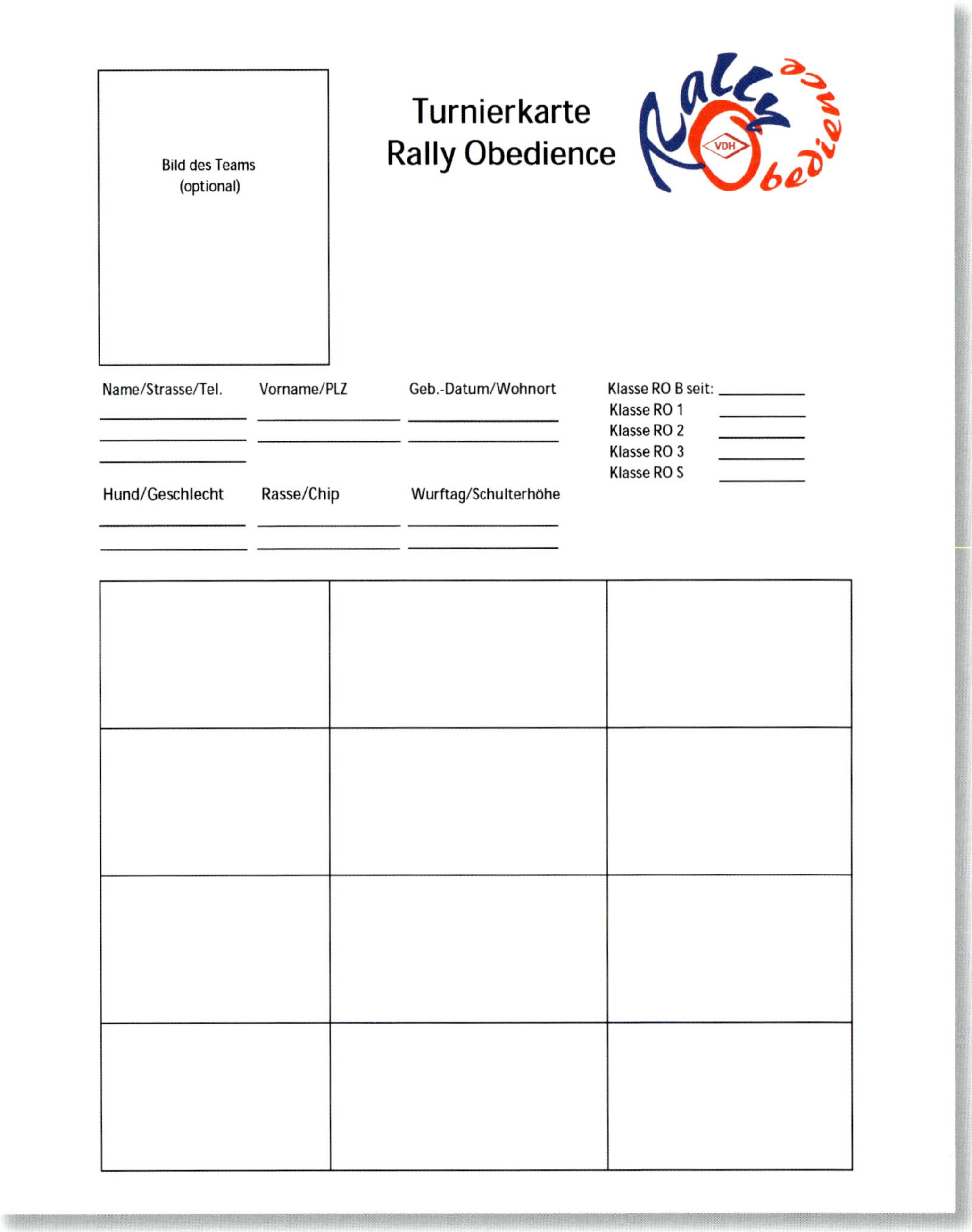

Bild des Teams
(optional)

Turnierkarte
Rally Obedience

Name/Strasse/Tel.

Vorname/PLZ

Geb.-Datum/Wohnort

Klasse RO B seit:
Klasse RO 1
Klasse RO 2
Klasse RO 3
Klasse RO S

Hund/Geschlecht

Rasse/Chip

Wurftag/Schulterhöhe

Turnierkarte

erzielten Ergebnisse eingetragen. Sie sind wichtig, um im weiteren Verlauf der Wettbewerbskarriere notwendige und erzielte Qualifikationen für zum Beispiel Aufstiege in eine höhere Klasse nachweisen zu können. Für einen Aufstieg in die nächsthöhere Leistungsklasse benötigt man ein Ergebnis von mindestens einmal 90 Punkten oder mehr oder dreimal mindestens 70 bis 89 Punkte in der derzeitigen Leistungsklasse.

Des Weiteren benötigt man für einen Turnierstart einen EU-Heimtierausweis, in dem eine gültige Tollwutimpfung verzeichnet ist und einen gültigen Hundehaftpflichtversicherungsnachweis.

Der Hund selbst muss für ein Turnier regelkonform »gekleidet« sein. Zugelassen sind für den Start bei einem Turnier nur flache Halsbänder mit Klickverschluss oder Schnallenverschluss oder handelsübliche Geschirre. Zusätzliche Zierhalsbänder, Rundhalsbänder, Zugstophalsbänder, Würger, Stachler und Ketten sind verboten und führen zum Ausschluss.

Es sollten auch keine klappernden Anhänger oder Marken an den Halsbändern sein. Ebenfalls nicht erlaubt ist im Parcours das Tragen von Hundemänteln oder Hundehalstüchern.

Außerhalb des Parcours ist das Tragen von Mänteln und Accessoires gestattet.

Für den Hundeführer gilt: Man darf anziehen, was man möchte. Nicht gestattet sind im Parcours jedoch Futterbeutel oder Bauchtaschen. Die Leckerchen oder das Spielzeug müssen unsichtbar in der Jacken-, Westen- oder Hosentasche verstaut sein. Daher empfiehlt sich das Tragen von Hundesportwesten mit ausreichend aufgenähten Taschen. Das Schuhwerk sollte bequem und rutschfest sein.

Da ein Turniertag lang sein kann, ist die Anschaffung einer Transportbox aus Alu, Kunststoff oder Stoff zu überlegen, die man auf dem Turniergelände an einem ruhigen, schattigen und trockenen Platz aufstellen kann. Hier kann der Hund bei all dem Trubel zur Ruhe kommen. Natürlich sollte man auch ausreichend Trinkwasser und einen Trinknapf für den Vierbeiner dabeihaben. Ganz wichtig: Die Leckerchen oder das Spielzeug zur Belohnung nicht vergessen.

Für die Verpflegung des Menschen ist immer durch den Veranstalter gut gesorgt, Getränke und Essen kann man in der Regel günstig käuflich erwerben. Es gilt als unhöflich, seine eigene Verpflegung mitzubringen, da die Veranstalter meist Vereine sind, die von den Einnahmen aus dem Catering die Kosten der Veranstaltung stemmen.

Da an einem Turniertag zahlreiche Hunde rund um das Gelände spazierengehen und sich lösen, ist es sinnvoll, entsprechende

Beutel für die Hinterlassenschaften des eigenen Hundes einzupacken und mitzuführen, damit einem entspannten und respektvollen Miteinander nichts im Wege steht.

Der Turnierparcours

Ein Turnierparcours besteht je nach Leistungsklasse aus 12–24 Schildern zuzüglich der Start-, Ziel- und Zusatzschilder.

Beginner:
15-18 Schilder (nur Beginner-Schilder)
Klasse 1:
18-20 Schilder (Beginner- und Klasse 1-Schilder möglich)
Klasse 2:
20-22 Schilder (Beginner, Klasse 1- und 2-Schilder möglich)
Klasse 3:
22-24 Schilder (Beginner, Klasse 1-, 2- und 3-Schilder möglich)
Senioren:
12 Schilder (Beginner, Klasse 1-, 2- und 3-Schilder möglich, aber ohne enge Linkswendungen, schnelles Tempo und Sprünge)

In der Beginner-, Seniorenklasse und Klasse 1 kann mit oder ohne Leine gestartet werden, die Entscheidung muss jedoch vor Betreten des Parcoursfeldes getroffen werden. Ab Klasse 2 wird ohne Leine gestartet.

Am Turniertag gehört ins Gepäck:

- eine Turnierkarte/Leistungsurkunde
- der EU-Heimtierausweis
- eine Kopie des Haftpflichtversicherungsnachweises
- ein regelkonformes Halsband oder Geschirr mit Leine
- ausreichend kleine, weiche Leckerchen oder ein Spielzeug
- ausreichend Trinkwasser in einer Flasche und ein Napf
- ggf. eine Box als Ruheplatz für den Hund
- etwas Verpflegungsgeld für den Hundeführer
- ggf. Hundesportweste
- Kotbeutel

Für das Absolvieren eines Parcours hat das Team 4 Minuten Zeit (Juniorstarter 4 Minuten 30 Sekunden), nur in der Seniorenklasse gibt es kein Zeitlimit. Die Zeitmessung startet mit dem Überqueren des Startschildes von Hund oder Mensch und endet mit dem Überqueren des Zielschildes.

Von einem Start ausgenommen sind Hunde, die Schmerzen oder Unwohlsein zeigen sowie Hunde mit ansteckenden Erkrankungen, verletzte Hunde und trächtige und säugende Hündinnen.

Läufige Hündinnen müssen am Ende der Veranstaltung oder auf einem Extraparcours starten. Ob das im Rahmen der Veranstaltung gewährleistet werden kann, sollte mindestens 14 Tage vorher mit dem Veranstalter abgeklärt werden.

Starten dürfen alle Hundeführer ab 8 Jahren Lebensalter. Für die 8- bis 18-Jährigen gelten die Bestimmungen der Jugendklasse, hier beträgt das Zeitlimit für das Absolvieren des Parcours 4 Minuten 30 Sekunden.

Menschen mit körperlichen Behinderungen sollten diese dem Veranstalter im Vorfeld (mindestens 14 Tage vorher) mitteilen, sodass der Wertungsrichter bei seiner Parcoursplanung darauf Rücksicht nehmen und den Parcours entsprechend der Behinderung und den gegebenen Möglichkeiten anpassen kann. Gehhilfen und Rollstühle sind prinzipiell erlaubt.

Jeder Hundeführer darf in verschiedenen Leistungsklassen und mit mehreren Hunden starten. Jeder Hund darf mit mehreren Hundeführern starten, es sei denn, er startet in der Seniorenklasse, dann ist nur ein Start erlaubt.

Der Ablauf

Im Vorfeld des Turniers bekommt der Teilnehmer in der Regel per E-Mail eine Starterliste und einen Zeitplan zugeschickt. So kann man im Voraus sehen, wann die eigene Startklasse geplant ist und als wievielter Starter der Klasse man selbst dran ist. Die angegebenen Zeiten sind jedoch nur ungefähre Richtwerte, da der Ablauf nicht auf die Minute genau geplant werden kann. Es hängt davon ab, wie lange tatsächlich ein Lauf eines Teams dauert, wie viel Zeit der Parcoursumbau zwischen den Klassen benötigt und ob es zu kurzfristigen Absagen oder Ausfällen von Teilnehmern kommt. Man sollte also immer etwas Extrazeit einplanen.

Teilweise sind die Turniere »geteilt«. Das bedeutet, dass vormittags zwei oder drei Leistungsklassen stattfinden und nach einer Mittagspause eine Siegerehrung dieser Klassen angeschlossen wird. Am Nachmittag sind dann die übrigen Klassen geplant, ebenfalls mit einer Siegerehrung am Ende und zum Abschluss des Turniertages. In diesem Falle gibt es oft verschiedene Anmeldungszeiten im Meldebüro des Veranstalters, je nachdem, in welcher Leistungsklasse man startet, zum Beispiel einmal früh morgens und einmal am späten Vormittag. So kann es sein, dass man erst gegen Mittag am Veranstaltungsort eintreffen muss, vorausgesetzt, der Start ist erst für nachmittags geplant.

Wichtig: Bei jedem Turnier meldet man sich am Tag der Veranstaltung mit seinen Papieren im Meldebüro in dem im Ablaufplan angegebenen Meldezeitraum an.

Der für die jeweilige Leistungsklasse vom Richter geplante Parcours wird in der Regel in schriftlicher Form als Parcoursplan auf dem Veranstaltungsgelände gut sichtbar an einem schwarzen Brett ausgehängt. Es besteht die Möglichkeit für jeden Starter, dort den Parcours am Tag der Veranstaltung einzusehen und sich so mental darauf vorzubereiten. Hierbei ist es manchmal hilfreich, den Parcoursplan mit dem Handy abzufotografieren, damit man dann in Ruhe für sich selbst den Ablauf der Übungen durchgehen kann.

Vor dem Start einer Leistungsklasse erfolgt das Briefing der Hundeführer durch den Wertungsrichter. Hierfür sammeln sich alle Teilnehmer der Leistungsklasse auf dem Parcoursfeld. Der Wertungsrichter kontrolliert dann die Anwesenheit, begrüßt alle und gibt noch einmal letzte Informationen zum Ablauf und Parcours selbst. Dann hat jeder Starter zehn Minuten Zeit, den Parcours ohne Hund abzulaufen.

Vor dem Start sollte jeder Starter noch die Zeit einplanen, den Hund in Ruhe aus dem Auto oder der Box zu holen, ihm Zeit zum Lösen zu geben und ihn der Halsbandkontrolle vorzuführen.

Bei der Halsbandkontrolle, unmittelbar bevor man in die Vorbereitung geht, prüft eine dafür vorgesehene Person, ob ein regelkonformes Halsband oder Geschirr vom Hund getragen wird. Das geschieht am Hund selbst, sodass er sich möglichst auch von Fremden anfassen lassen sollte. Ist der Hund sehr ängstlich, ist es oft möglich, den Kontrolleur zu bitten, sich zu setzen oder abzuwarten, bis man selbst den Hund zu ihm geführt hat. Das Füttern von Leckerchen bei der Kontrolle ist erlaubt. Sollte auch das nicht möglich sein, muss im Vorfeld beim Briefing der Wertungsrichter darüber informiert werden. Ohne Halsbandkontrolle ist ein Start jedoch nicht möglich.

Nach der Halsbandkontrolle folgt die Vorbereitung. Jedem Starter steht eine Vorbereitungszeit unmittelbar vor dem Lauf in einem extra abgesteckten Bereich nahe des Parcoursfeldes zu, in der er maxima 4 Minuten (in der Regel die Dauer des Laufes des Vorgängers) Zeit hat, den Hund aufzuwärmen und auf den Lauf zu konzentrieren, bevor er an den Start geht.

Der Hund sollte beispielsweise mit lockerem Laufen in großen Kreisen aufgewärmt werden, damit die Muskulatur warm und gedehnt ist, bevor die Prüfung startet. Natürlich kann man hier auch noch einige kleine Übungen »proben«, um den Hund auf die Arbeit zu konzentrieren und ihn zu motivieren. Aber bitte nicht übertreiben, damit seine Konzentrationsfähigkeit nicht schon aufgebraucht ist, bevor es wirklich losgeht. Weniger ist hier manchmal mehr. Ist man sehr nervös, überträgt sich das auf den Hund. Er wird entweder sehr hibbelig und unkonzentriert oder er kann auf vorsichtiges

Abwarten schalten und zögerlich wirken. Also auch immer sich selbst reflektieren, tief durchatmen, eine lockere, nicht zu angespannte Körperhaltung einnehmen, vielleicht innerlich an etwas positiv Besetztes denken. Und nicht vergessen: Es soll vor allem dem Hund und einem selbst Spaß machen! Ungeduldige oder gar ärgerliche Reaktionen auf missglückte Übungen sind kontraproduktiv, sie erzeugen Stress und Druck und wirken sich negativ auf das Verhalten und Empfinden des Hundes aus.

Die Vorbereitung ist vorbei, sobald der Wertungsrichter das Team, das vor einem selbst gelaufen ist, bewertet. Das ist der Zeitpunkt, an dem man mit seinem angeleinten Hund an den Start geht. Der Wertungsrichter wird dann eine Freigabe des Parcours signalisieren, sobald das andere Team den Platz verlassen hat. Dafür spricht der Richter einen mit Namen an und/oder gibt ein Handzeichen und somit den Parcours frei. Dann hat man noch einige Sekunden, um den Hund ggf. abzuleinen und kurz ein Startritual durchzuführen, sofern man eines hat und das möchte, und los geht es!

Leint man den Hund ab, kann man sich die Leine umhängen, in einer Jackentasche verstauen oder am Parcoursfeldrand liegen lassen und sie nach dem Lauf wieder einsammeln.

Nach dem Lauf sollte man den Hund natürlich ausreichend belohnen und loben, anleinen und dann zum Wertungsrichter gehen und die Bewertung entgegennehmen.

Die Zeiten vor und nach dem Lauf lassen sich mit Zuschauen, kurzen Spaziergängen, netten Gesprächen mit anderen Teilnehmern und kulinarischen Beschäftigungen sehr gut füllen.

Der Tag endet immer mit der Siegerehrung. Hier werden alle Teilnehmer und ihre Hunde gefeiert, erhalten Geschenke der Sponsoren, Urkunden und Siegerschleifen als Erinnerung an einen gelungenen Tag. Die Rally Obedience-Gemeinde versteht sich als große Familie, die Stimmung ist meist entspannt, offen und freundlich und man kann schnell neue Freunde gewinnen. Also keine Angst vor einem Turnier! Es macht riesigen Spaß!

6. Auszüge aus der Prüfungsordnung/ Regelwerk

Punkte und Punktabzüge

Nimmt man an einer Prüfung teil, so beginnt die Prüfung mit vollen 100 Punkten im Gepäck. Von den 100 Punkten werden Fehler im Laufe der Prüfung in Form von Punkten vom Wertungsrichter abgezogen.

Maximal können pro Übung 10 Punkte abgezogen werden.

Disqualifikation:

Eine Disqualifikation erfolgt dann, wenn der Hund eindeutiges Aggressionsverhalten zeigt, zum Beispiel jemanden beißt oder der Hundeführer körperlich oder verbal grob oder misshandelnd mit dem Hund umgeht, ihn beispielsweise massiv anschreit oder schlägt. Eine Disqualifikation kann auch für Vorfälle außerhalb des Parcours und Prüfungslaufes ausgesprochen werden, wenn diese beobachtet und dem Wertungsrichter gemeldet werden.

Nicht bestanden:

Eine Prüfung gilt als nicht bestanden und wird mit 0 Punkten bewertet, wenn der Hund den Parcours verlasst, wenn der Hundeführer den Hund anfasst oder füttert, wo es nicht erlaubt ist, wenn im Lauf an- oder abgeleint wird oder wenn der Hund wegläuft innerhalb des Parcours und nach dreimaligem Rufen nicht zurück zum Hundeführer kommt. Weiterhin gilt die Prüfung als nicht bestanden, wenn der Hund sich im Parcours löst. Locken mit Futter oder Spielzeug, dauerhaftes Führen des Hundes durch den Parcours mittels Handtarget oder unangemessene verbale oder körperliche Einwirkungen durch den Hundeführer, die bereits vom Wertungsrichter abgemahnt und trotzdem wieder gezeigt wurden, führen ebenfalls zu einer nicht bestandenen Prüfung.

Sichtbares Spielzeug, das zum Beispiel aus der Jackentasche heraushängt, oder Futter im sichtbaren Futterbeutel gelten als Locken.

Und schließlich hat man die Prüfung nicht bestanden, wenn man das Zeitlimit von 4 Minuten (außer in der Seniorenklasse, dort gibt es kein Zeitlimit) überschritten hat.

10 Punkte Abzug:

Maximal können 10 Punkte pro Übung abgezogen werden, wenn die Übung gar nicht gezeigt wird, überlaufen wird oder ein Hauptbestandteil der Übung nicht korrekt oder nicht gezeigt wurde.

Ein Beispiel: Übung 2-201

Hundeführer bleibt stehen, Hund sitzt
Winkel 90° nach rechts
Hund bleibt in Fußposition
Hundeführer macht 1 Schritt vorwärts
Hundeführer bleibt stehen, Hund sitzt

Die rot markierten Teile der Übung sind laut Prüfungsordnung Hauptbestandteile. Biegt man also nach links statt nach rechts

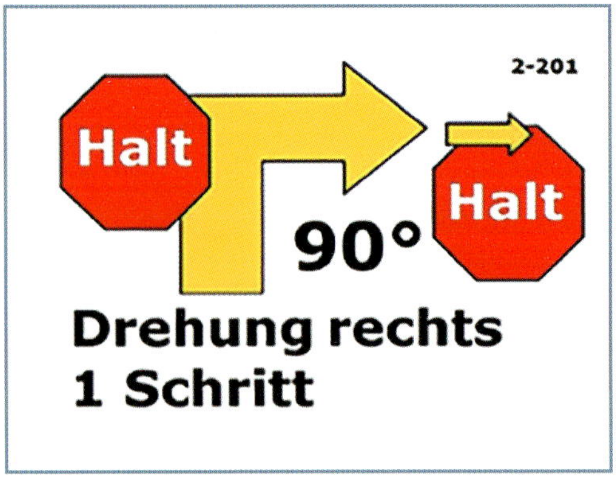

versehentlich ab oder vergisst man den Schritt nach dem Winkel, ist ein wesentlicher Teil nicht gezeigt oder falsch ausgeführt und die Übung wird mit 10 Punkten abgezogen.

Die Hauptbestandteile einer Übung kann man in der Prüfungsordnung nachlesen. Die Prüfungsordnung findet man online unter denselben Links wie die Schildersammlungen.

Hund beißt in Futterschale: das wird mit Punktabzug geahndet.

Des Weiteren werden 10 Punkte abgezogen für das Hineinbeißen oder Umwerfen einer Futterschale durch den Hund und wenn der Hundeführer über einen Sprung springt.

5 Punkte Abzug:

5 Punkte werden abgezogen für eine Wiederholungen der Übung bei missglückten Übungen oder für zusätzlich gezeigte Elemente, die in der Übung nicht gefordert waren.

Ein Beispiel: Übung 2-227
Steh, 1 Schritt-Steh, 2 Schritte-Steh, 3 Schritte-Steh

Zeigt der Hund beispielsweise erst ein Sitz und muss dann ins Steh gebracht werden, so ist das Sitz ein zusätzlich gezeigtes Element und kostet an dieser Stelle 5 Punkte Abzug.

Des Weiteren kosten Auslassen von Übungsteilen, sofern sie nicht ein Hauptbestandteil der Übung sind, das Abwerfen oder Anschlagen an einer Stange an einer Hürde durch den Hund, ein unerlaubter Tempowechsel im Lauf auch zwischen den Übungen, ein falscher Abschluss nach einem Vorsitz oder Vorsteh, das Weglaufen des Hundes innerhalb des Parcours, aber Zurückkehren nach maximal drei Rückrufen zum Hundeführer, oder eine Abmahnung 5 Punkte.

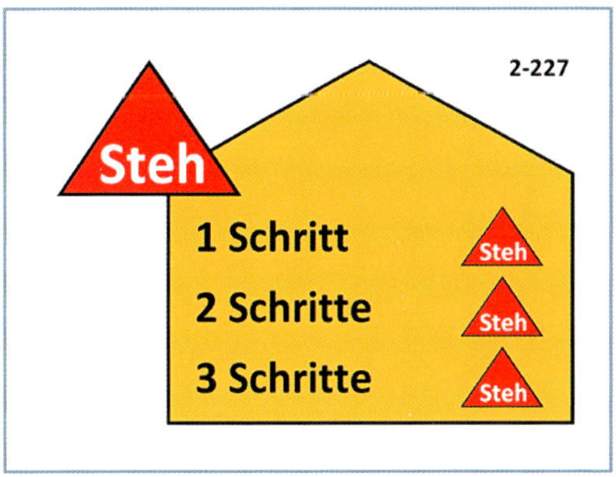

3 Punkte Abzug:

3 Punkte werden für das Fallenlassen von Futter im Parcours durch den Hund oder Hundeführer und das Fallenlassen der Leine im Parcours, sofern man angeleint läuft, abgezogen. Außerdem wird das Schnüffeln des Hundes an einer Futterschale, das Rammen oder Umwerfen eines Schildes und das Vorbeigehen an einer Pylone oder Futterschale von Hund und Hundeführer an unterschiedlichen Seiten mit 3 Punkten Abzug bewertet.

1 Punkt Abzug:

1 Punkt wird für jede Wiederholung eines Kommandos abgezogen, außer in der Seniorenklasse, hier ist jeweils ein Doppelkommando pro Übung erlaubt. Weiterhin wird ein Punkt abgezogen für Positionsfehler, also Ausführen der Übung im falschen Arbeitsbereich, zum Beispiel neben dem Schild bei einem Richtungswechsel.

1–5 Punkte-Abzüge:

Je nach Ermessen des Richters können 1–5 Punkte abgezogen werden bei unruhiger Übungsausführung durch den Hund oder den Hundeführer, wenn die Pfoten bzw. Füße zum Beispiel bei einer stationären Übung tippeln. Außerdem bei zögerlicher Ausführung der Übung durch den Hund, bei übergroßer Ausführung einer Drehung oder bei schiefem Sitz, Platz oder Steh von über 30-Grad-Abweichung oder zu großer Distanz vom Hundeführer sowie starkem Abweichen von der Fußposition in der Fußarbeit.

1–10 Punkte Abzug:

Dreimal Bellen, Anspringen des Hundeführers, eine stramme Leine bei angeleintem Hund im Parcours oder fehlende Fußarbeit können im Gesamtbild bewertet werden. In der Regel wird jedes falsche Verhalten hier mit einem Strich auf dem Bewertungsbogen markiert, am Ende die Gesamtanzahl durch zwei dividiert und dann abgezogen. Maximal können 10 Punkte abgezogen werden.

Die Bewertungen und Noten, Auf- und Abstiege

Die am Ende einer Prüfung erreichte Punktzahl ist ausschlaggebend für die Benotung. Ausgehend davon, dass 100 erreichte Punkte bedeuten, dass die Leistung ohne Punktabzug perfekt war, staffeln sich die Benotungen folgendermaßen:

90–100	Punkte	Vorzüglich (V)
80–89	Punkte	Sehr gut (SG)
70–79	Punkte	Gut (G)
1–69	Punkte	Bestanden (Best)
0	Punkte	Nicht bestanden (NB)

Häufig werden bei der Siegerehrung Schleifen vergeben. Jede Farbe steht für eine Note. Für eine vorzügliche Leistung gibt es eine rote Schleife, für eine sehr gute eine blaue, für ein gute eine gelbe und für eine bestandene Prüfung eine grüne.

Wie kann man in die nächsthöhere Leistungsklasse aufsteigen?

Für einen Aufstieg in die nächsthöhere Leistungsklasse benötigt man dreimal ein G oder SG oder einmal ein V. Ein Aufstieg ist jedoch nicht zwingend. Der Hundeführer entscheidet, wann er, der Hund oder das Team soweit ist.

Ein Abstieg geschieht nur freiwillig, wenn der Turnierstarter aus verschiedensten Gründen das selbst so wünscht. Bei einem Abstieg muss die Qualifikation zum Aufstieg wieder neu erarbeitet werden, frühere Ergebnisse in dieser Leistungsklasse verfallen sozusagen.

Die einzige Ausnahme bildet die Seniorenklasse. In dieser dürfen Hunde ab 8 Jahren starten, sie müssen es aber nicht. Ein fitter 8-jähriger oder älterer Hund, der allen Anforderungen gesundheitlich gewachsen

Springt der Hund den Hundeführer in der Prüfung an, gibt's Punktabzug.

ist, darf auch weiterhin in seiner jeweiligen Leistungsklasse starten. Viele Hunde entwickeln aber mit zunehmendem Alter gesundheitliche Probleme. Sie sind vielleicht nicht mehr so fit wie früher, können oder sollen keine Hürden mehr springen, sie sind sehr langsam geworden, ihnen fällt ein häufig hintereinander geschaltetes Aufstehen, Hinsetzen und Hinlegen schwer oder sie können sich nicht mehr über eine lange Strecke hinweg konzentrieren. Für diese Hunde ist die Seniorenklasse eine ideale Möglichkeit, auch weiterhin den Sport genießen zu können. Der Parcours ist nur noch 12 Stationen lang, es gibt kein Zeitlimit und enge Linkswendungen sowie Hürden sind ausgenommen. Ist ein Team aber einmal in der Seniorenklasse gestartet, ist ein Wechsel in eine andere Leistungsklasse auf einem Turnier nach der Prüfungsordnung nicht mehr möglich.

DANKSAGUNG

Ein ganz besonderer Dank geht an Tanja Fittkau, die die Fotoaufnahmen für dieses Buch mit viel Geduld, Leidenschaft und Hingabe erstellt hat.

Weiterhin möchte ich mich bei Marion Hüter und Simone Stopp und ihren Hunden bedanken, die sich die Zeit genommen haben, als Models für das Buch zur Verfügung zu stehen.

Danke an meine Hunde, ohne die ich nicht im Entferntesten an Hundesport gedacht hätte, und die mir immer wieder meine Grenzen, aber auch meine bisher ungeahnten Stärken aufzeigen und meine treuesten Begleiter sind.

Und zum Schluss ein Dankeschön von Herzen an meine Eltern Birgit und Karl Zilles und an Claudia König für ihren Rat und Unterstützung für dieses Projekt.

AUTORENPORTRAIT

Dr. Constanze Zilles

Dr. Constanze Zilles ist mit Jagdhunden in der Familie aufgewachsen. Sie lebt im Bergischen Raum mit ihrem 11-jährigen Rhodesian Ridgeback Leo und dem 8-jährigen English Pointer Topa aus dem Tierschutz.

Beim DVG ist sie beim HSV Solingen Höhscheid e.V. seit 4 Jahren als Trainerin für Rally Obedience aktiv und war 2 Jahre lang Ausbildungswartin für Rally Obedience des Vereins.

Sie nimmt selbst seit 5 Jahren aktiv an regionalen und nationalen Rally Obedience-Turnieren teil und war mit ihren Hunden 2017 und 2019 Teilnehmerin der Bundessiegerprüfung sowie mit Leo »Vizechampion Nordrheinwestfalen 2018« in der Seniorenklasse.

Mit beiden Hunden hat sie erfolgreich die Begleithundeprüfung abgelegt und betätigt sich außerdem mit ihnen im Agility und Mantrailing.

Ihr Hauptanliegen ist es, die Arbeit mit dem Hund entspannt, freudig und im Team zu vermitteln.

SCHILDERSAMMLUNG

Beginnerklasse

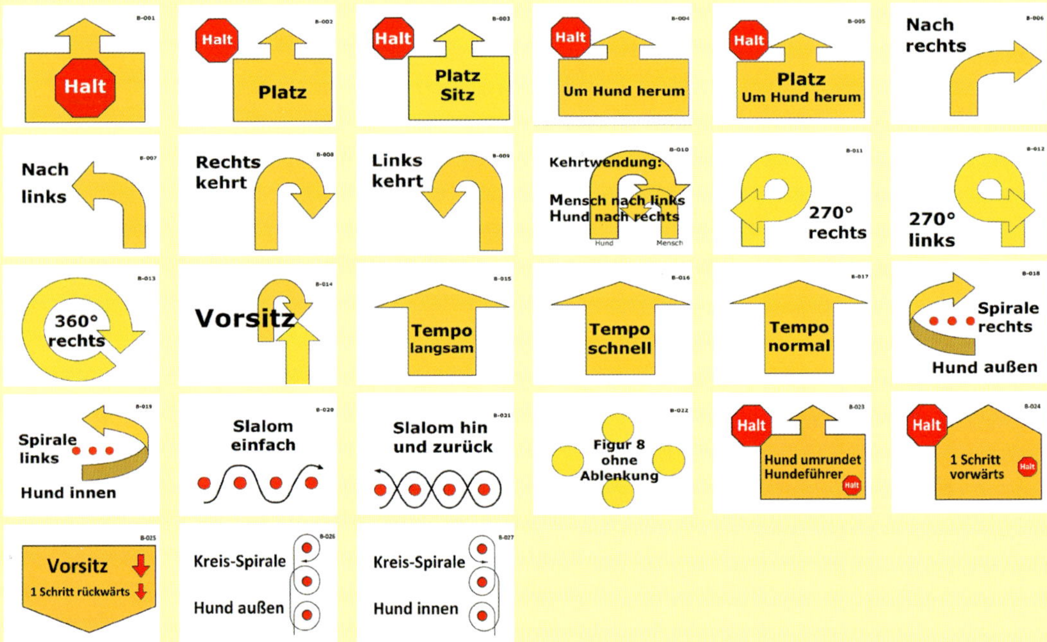

Klasse 1

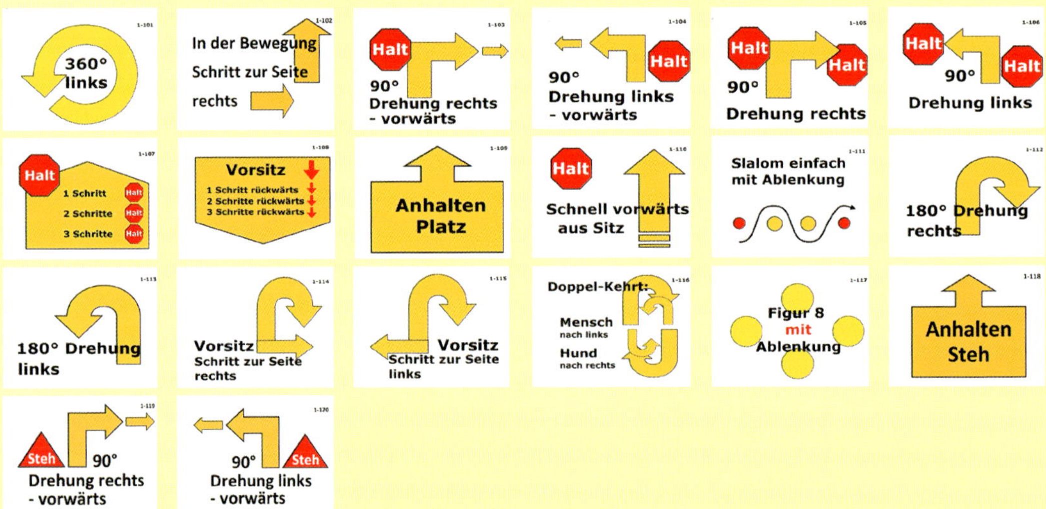

Klasse 2

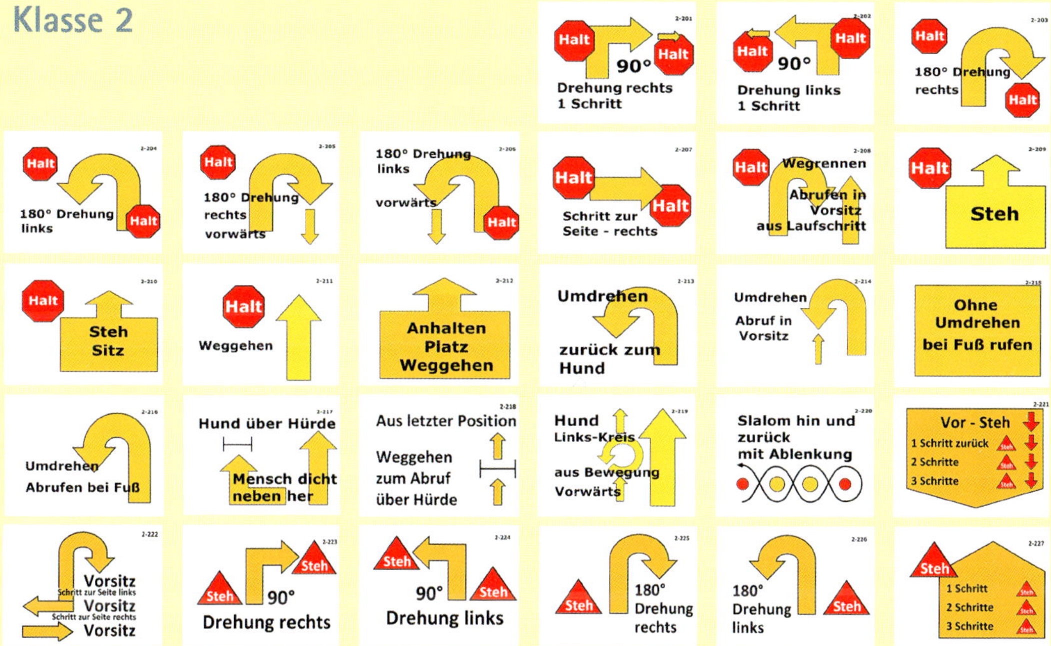

Klasse 3

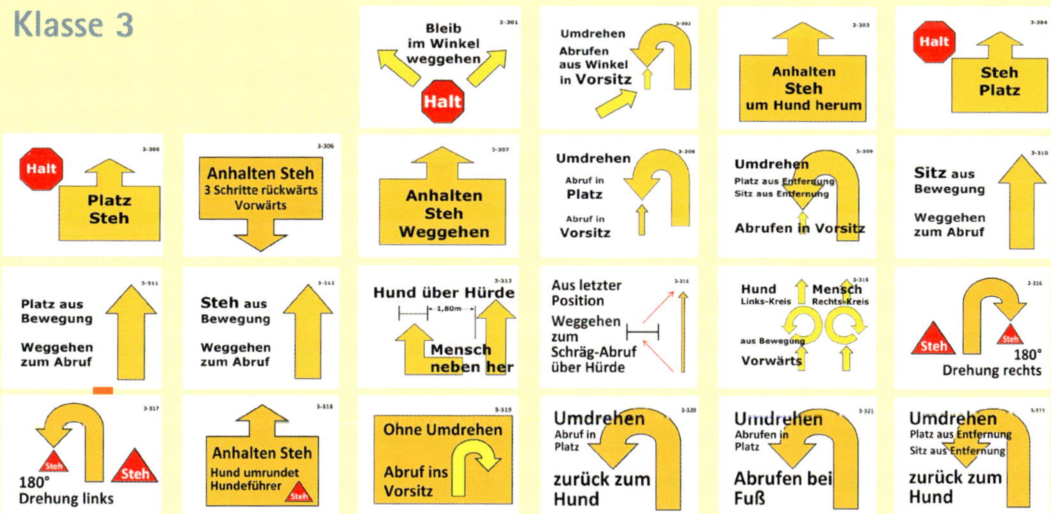

Zusatzschilder

Rabatte und mehr gibt's im

DER HUND Club

Trainieren – Helfen – Sparen

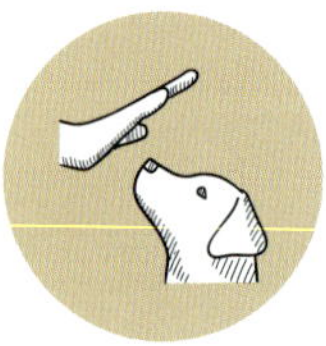

Tipps und Training

Rabatte

Expertenrat

Tierschutz

Magazin

Austausch + *Club*-Treffen

www.club.derhund.de

Spare 25 Euro

Jetzt anmelden und alle Clubvorteile sofort nutzen:
Mit dem **Gutschein-Code SPARE25**
zahlst du **statt 90 Euro** im ersten Jahr **nur 65 Euro!**

Unterstützt von:

Goldpartner: Josera

Silberpartner: animonda

CHILLAX PET SUPERFOOD